卓越农林人才培养实验实训实习教材

动物传染病学实验与实训

主　编
周作勇　彭远义

副主编
胡世君　罗洪艳　严玉霖　吴异健　曾　政

编写人员（按姓氏笔画排序）
丁红雷　（西南大学）
王芝英　（西南大学）
王豪举　（西南大学）
孔庆科　（西南大学）
叶　超　（西南大学）
付　庆　（西南大学）
曲哲会　（信阳农林学院）
刘　涛　（信阳农林学院）
严玉霖　（云南农业大学）
吴异健　（福建农林大学）
罗洪艳　（西南大学）
周作勇　（西南大学）
胡世君　（西南大学）
侯权书　（重庆市梁平区畜牧渔业发展中心）
彭远义　（西南大学）
董春霞　（重庆市动物疫病预防控制中心）
蒋佳利　（重庆市动物疫病预防控制中心）
曾　政　（重庆市动物疫病预防控制中心）

西南大学出版社
SWUP 国家一级出版社 全国百佳图书出版单位

图书在版编目(CIP)数据

动物传染病学实验与实训 / 周作勇，彭远义主编
. — 重庆：西南大学出版社，2022.4(2025.3重印)
ISBN 978-7-5697-1370-1

Ⅰ. ①动… Ⅱ. ①周… ②彭… Ⅲ. ①动物疾病—传染病学—实验—高等学校—教材 Ⅳ. ①S855-33

中国版本图书馆CIP数据核字(2022)第056133号

动物传染病学实验与实训
DONGWU CHUANRANBINGXUE SHIYAN YU SHIXUN

主编 周作勇 彭远义

责任编辑：赵 洁
责任校对：杨光明
装帧设计：观止堂_朱 璇
排 版：王 兴
出版发行：西南大学出版社(原西南师范大学出版社)
印 刷：重庆新生代彩印技术有限公司
幅面尺寸：195 mm×255 mm
印 张：12
字 数：289千字
版 次：2022年4月 第1版
印 次：2025年3月 第2次印刷
书 号：ISBN 978-7-5697-1370-1

定 价：39.00元

总序

TOTAL PREFACE

2014年9月，教育部、农业部（现农业农村部）、国家林业局（现国家林业和草原局）批准西南大学动物科学专业、动物医学专业、动物药学专业本科人才培养为国家第一批卓越农林人才教育培养计划专业。学校与其他卓越农林人才培养高校广泛开展合作，积极探索卓越农林人才培养的模式、实训实践等教育教学改革，加强国家卓越农林人才培养校内实践基地建设，不断探索校企、校地协调育人机制的建立，开展全国专业实践技能大赛等，在卓越农业人才培养方面取得了巨大的成绩。西南大学水产养殖学专业、水族科学与技术专业同步与国家卓越农林人才教育培养计划专业开展了人才培养模式改革等教育教学探索与实践。2018年10月，教育部、农业农村部、国家林业和草原局发布的《关于加强农科教结合实施卓越农林人才教育培养计划2.0的意见》（简称《意见2.0》）明确提出，经过5年的努力，全面建立多层次、多类型、多样化的中国特色高等农林教育人才培养体系，提出了农林人才培养要开发优质课程资源，注重体现学科交叉融合、体现现代生物科技课程建设新要求，及时用农林业发展的新理论、新知识、新技术更新教学内容。

为适应新时代卓越农林人才教育培养的教学需求，促进“新农科”建设和“双万计划”顺利推进，进一步强化本科理论知识与实践技能培养，西南大学联合相关高校，在总结卓越农林人才培养改革与实践的经验基础之上，结合教育部《普通高等学校本科专业类教学质量国家标准》以及教育部、财政部、国家发展改革委《关于高等学校加快“双一流”建设的指导意见》等文件精神，决定推出一套“卓越农林人才培养实验实训实习教材”。本套教材包含动物科学、动物医学、动物药学、中兽医学、水产养殖学、水族科学与技术等本科专业的学科基础课程、专业发展课程和实践等教学环节的实验实训实习内容，适合作为动物科学、动物医学和水产养殖学及相关专业的教学用书，也可作为教学辅助材料。

本套教材面向全国各类高校的畜牧、兽医、水产及相关专业的实践教学环节，具有较广泛的适用性。归纳起来，这套教材有以下特点：

1. 准确定位，面向卓越 本套教材的深度与广度力求符合动物科学、动物医学和水产养殖学及相关专业国家人才培养标准的要求和卓越农林人才培养的需要，紧扣教学活动与知识结构，对人才培养体系、课程体系进行充分调研与论证，及时用现代农林业发展的新理论、新知识、新技术更新教学内容以培养卓越农林人才。

2. 夯实基础，切合实际 本套教材遵循卓越农林人才培养的理念和要求，注重夯实基础理论、基本知识、基本思维、基本技能；科学规划、优化学科品类，力求考虑学科的差异与融合，注重各学科间的有机衔接，切合教学实际。

3. 创新形式，案例引导 本套教材引入案例教学，以提高学生的学习兴趣和教学效果；与创新创业、行业生产实际紧密结合，增强学生运用所学知识与技能的能力，适应农业创新发展的特点。

4. 注重实践，衔接实训 本套教材注意厘清教学各环节，循序渐进，注重指导学生开展现场实训。

“授人以鱼，不如授人以渔。”本套教材尽可能地介绍各个实验（实训、实习）的目的要求、原理和背景、操作关键点、结果误差来源、生产实践应用范围等，通过对知识的迁移延伸、操作方法比较、案例分析等，培养学生的创新意识与探索精神。本套教材是目前国内出版的第一套落实《意见 2.0》的实验实训实习教材，以期能对我国农林的人才培养和行业发展起到一定的借鉴引领作用。

以上是我们编写这套教材的初衷和理念，把它们写在这里，主要是为了自勉，并不表明这些我们已经全部做好了、做到位了。我们更希望使用这套教材的师生和其他读者多提宝贵意见，使教材得以不断完善。

本套教材的出版，也凝聚了西南大学和西南师范大学出版社相关领导的大量心血和支持，在此向他们表示衷心的感谢！

总编委会

2019 年 6 月

前言

PREFACE

《动物传染病学实验与实训》是理论教材《动物传染病学》的配套实验课程，是理论联系实践的重要环节。由于养殖模式的变化、动物调运频繁、药物和疫苗的不合理使用等，我国发生的动物疫病类别及流行形式等较为复杂。特别是近年来，非洲猪瘟、牛结节性皮肤病等疫病的传入，对我国畜牧业造成了极其严重的危害。准确快速诊断疫病以指导防控，及时评价免疫抗体水平以调整免疫方案，对降低动物疫病发生率极其重要。结合我国动物疫病流行情况、诊断方法及免疫抗体水平检测方法，我们编写了《动物传染病学实验与实训》。

本教材由动物传染病学实验和动物传染病学实训两部分组成。其中，实验部分主要列出了目前我国动物疫病预防控制中心监测的疫病类别，以及目前流行的常见动物疫病，这部分内容使本教材的临床针对性更强；实训部分主要以动物疫病案例引出问题，注重启发学生的思维，使其掌握动物传染病诊断的整体思路及流程，以提升学生在临床实践中诊断动物疫病的能力。

动物疫病诊断技术日新月异，本教材主要以我国现行的动物传染病诊断国家标准或行业标准为依据，针对不同的传染病，介绍了经典的病原分离培养方法，并且着重介绍了目前普遍采用的PCR和ELISA等诊断方法。鉴于实时荧光定量PCR诊断方法已在许多区（县）级诊断实验室广泛应用，所以，本教材中一些重要动物疫病诊断使用了该方法。（特别说明：教材中涉及的试剂配制方法等，请按照相应实验参考的国家或行业标准开展。）

动物疫病诊断和防控必须按照国家要求在相应级别的生物安全实验室进行，由于此部分涉及内容较多、范围广，故暂未编入本教材。指导老师在教学过程中需要不断强化学生的生物安全防范意识和技能。

本教材可供全国高等农业院校动物医学专业动物传染病学实验课程教学使用。教材的编写得到西南大学动物医学院领导的关心，预防兽医系老师们的支持，动物医学院硕士研究生赵夏薇、王晓涵、袁永丰、邹安龙及宋艳等同学的帮助，在此一并致谢。由于编者的知识水平有限，编写经验不足，书中难免存在不足之处，诚请广大师生和同行们批评指正，以便进一步修正完善。

编 者

2022年3月

目录

CONTENTS

第二部分 动物传染病学实训

附录

动物传染病学实验与实训须知

由于动物传染病学实验与实训操作对象大多和动物(健康的、发病的,甚至死亡的)及其样品或微生物有关,虽然在课堂教学中一般都不会使用高致病性病原微生物,或涉及的高致病性微生物均是有效灭活以确保安全,但个别自然病例或人工复制病例可能存在被感染或造成病原扩散的风险。因此,本课程开展必须将生物安全放在第一位。为确保实验课师生人身安全和环境安全,所有进入实验课的人员必须遵照《生物安全管理条例》和《病原微生物实验室生物安全管理条例》,按照生物安全相关标准,如《兽医实验室生物安全要求通则(NY/T 1948-2010)》,严格遵守动物传染病学实验操作规程,必须有安全防范意识以及节约、爱护、团结协助的品德。

一、安全防范意识

1. 实验人员在进入实验室时必须穿洁净的工作服或防护服。严禁穿着实验室防护服离开实验工作区域。严禁在实验室内穿露脚趾的鞋。

2. 在对可能具有潜在感染性材料或动物以及其他有害物质进行操作时,应戴手套,手套用完后,应先消毒再摘除,随后必须洗手。此外,完成实验离开实验室工作区域前,必须洗手。

3. 严禁在实验室工作区域饮食、吸烟、化妆和处理隐形眼镜。严禁在实验室工作区域储存食品和饮料。

4. 实验课期间,不得用戴手套的手触摸眼、鼻或身体其他部位的皮肤、黏膜。勿以手指或其他器物接触口唇、眼、鼻及面部。严禁用口吸移液管、舔标签以及将实验材料置于口腔内。打开的试剂瓶盖不得随意乱放,取过试剂后应立即加封瓶盖。瓶盖混淆、标签不清的试剂不得使用。用过的吸管、滴管、滴头、试剂瓶等应立即丢入专用废物容器内,严禁随处乱放。

5. 尽量减少注射针头和注射器的使用,注射器等主要用于进行肠道外注射或抽取实验动物体液。使用后的注射器、刀片等锐器应立即放入专用耐扎容器中,集中处理。

6. 在抓取动物时注意做好自身防护,避免被抓伤、咬伤。使用玻璃器皿及注射器时要细心,避免扎伤等。

7.若突发意外事故，如人体受伤，危险性实验材料溅出或打翻，病原微生物污染等，应立即报告指导老师，迅速采取正确、有效的紧急处理措施。如手指受污染，立即将手浸入消毒液中15 min，然后用清水洗干净。衣物受污染立即就地更换、消毒清洗，可用5%石炭酸、10%福尔马林等浸湿消毒，必要时用碱水煮洗或高压灭菌。皮肤扎伤、污染，应立即用2%碘酊棉球擦拭，5 min后用75%乙醇棉球涂擦脱碘。危险材料溅入眼中，应立即用清水或5%硼酸溶液冲洗，必要时立即就医。危险性物品吸入口中时，应立即用清水或10%硼酸溶液漱口，必要时立即就医。

二、节约、爱护、团结协助的品德

1.使用药品、试剂、水、电等要有节约意识，有任何疑问及时向指导老师咨询，切勿想当然随意开展实验。

2.爱惜实验室公共财物，使用仪器设备一定要按照老师的指导方法和步骤进行，不可粗心大意，以免损坏仪器设备。超净工作台、称量天平等使用后一定要及时清理整洁，微量移液器等使用完后要及时恢复到标准量程。

3.本教材中很多实验、实训内容都需要多位同学协助完成，因此需要同学们具有团结协助的良好品德。

第一部分

动物传染病学实验

实验1　消毒

消毒是防控动物疫病三大关键措施之一，是指通过物理、化学和生物学方法消除并杀灭或清除外界环境中的病原体，从而切断其传播途径、防止疫病的蔓延和流行，它一般不包含对非病原微生物及芽孢、孢子的杀灭。我国已经制定了多种动物传染病消毒技术规范，如《高致病性禽流感消毒技术规范（NY/T 767-2004）》《口蹄疫消毒技术规范（NY/T 1956-2010）》《非洲猪瘟消毒技术规范（DB41/T 2065-2020）》等，供畜牧兽医工作者参考。

【实验目的】

1. 掌握养殖场人员、车辆、动物圈舍、粪便的消毒方法。
2. 熟悉常见的消毒药物种类及正确的使用方法。
3. 掌握消毒质量的检查方法。

【实验材料】

1. 常见的消毒器材

喷雾器、汽油喷灯、气雾发生器等。

2. 常见的化学消毒剂

二氯异氰尿酸钠、月苄三甲氯铵、聚维酮碘、戊二醛、过氧乙酸、高锰酸钾、氢氧化钠等。

3. 消毒效果检查相关材料

培养箱、LB营养肉汤培养基、普通营养琼脂/鲜血琼脂/巧克力营养琼脂培养基、酒精灯、无菌棉签、各种消毒剂中和剂、灭菌生理盐水等。

【实验内容】

1.认识常见的消毒器械

(1)喷雾器。

喷雾器主要用于喷洒消毒。喷雾器有手动喷雾器和机动喷雾器两种，前者有手持式、肩负式和背负式三种(图1-1-1a、b、c)，常用于小范围消毒；后者有背负式和机动式两种(图1-1-1d、e)，常用于大面积消毒。现在电动喷雾器的使用越来越广泛，逐渐取代了手动喷雾器，特别是在养殖规模越来越大、集约化程度越来越高的现代农牧企业。

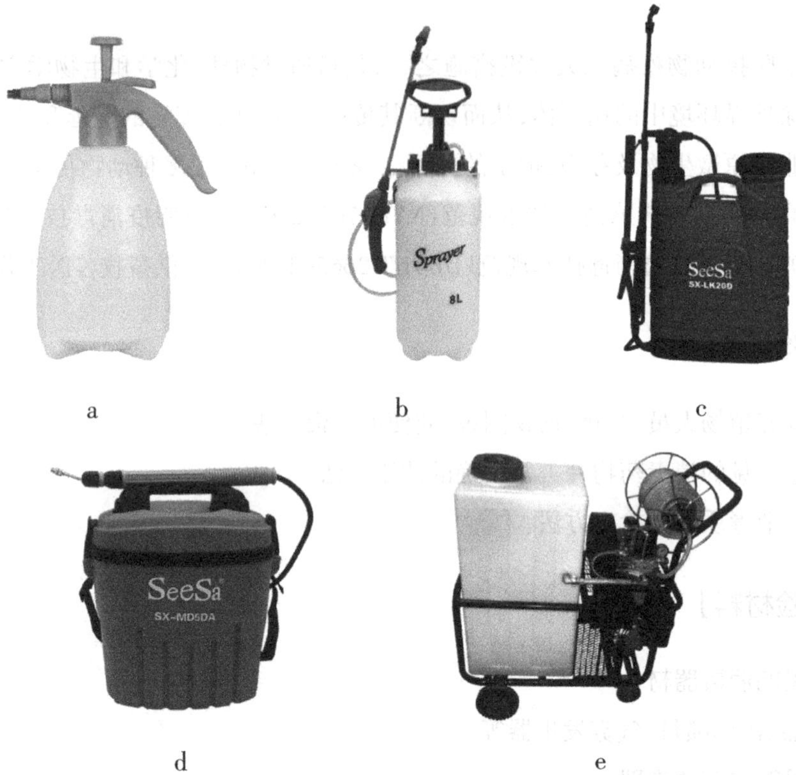

a　b　c

d　e

图1-1-1　各种喷雾器

a.手持式气压喷雾器；b.肩负式手动喷雾器；c.背负式手动喷雾器；d.背负式电动喷雾器；e.手推式机动喷雾器

消毒液在装入喷雾器之前，应先充分溶解过滤，以免可能存在的残渣堵塞喷雾器的喷嘴。

(2)火焰喷灯。

火焰喷灯是利用汽油、柴油、煤油或酒精作为燃料的一种喷灯或喷枪，常用于消毒被病原体污染了的墙体、地面以及各种金属制品，如鼠笼、兔笼、鸡笼、猪栏等。

2.认识常见的化学消毒剂

近年来，随着我国集约化养殖业的发展，消毒剂已经成为防疫工作的重要武器之一，特别是非洲猪瘟在我国发生以来，化学消毒剂的使用日益受到重视。化学消毒剂品种较多，包括含氯消毒剂、季铵盐类消毒剂、醇类、醛类、酚类、碱类和氧化剂等，现介绍几种常用消毒剂。

（1）二氯异氰尿酸钠。

也称优氯净，含有效氯60%（质量分数）左右，易溶于水，杀菌谱广，对细菌、病毒、真菌及细菌芽孢有较强的杀灭作用。可用于用具的消毒（0.5%～10%，15～60 min）和地面的消毒（5%～10%或350～1000 mL/m^2，1～3 h）。

（2）三氯异氰脲酸。

含有效氯90%（质量分数），在水中可水解生成强氧化性次氯酸，后者又可以放出活性氯和初生态氧，次氯酸的氧化作用和活性氯的氯化作用共同形成该消毒剂的消毒机理。可用于车辆、环境、圈舍（带畜禽）、饮水等的消毒。

（3）苯扎溴铵。

又称十二烷基二甲基苄基溴化铵，是一种混合物，为黄色、白色蜡状固体或胶状体，易溶于水或乙醇，具有典型的阳离子表面活性剂性质。水溶液搅拌时能产生大量泡沫，性质稳定，耐光、耐热、无挥发性，可长期存放。

常用于手术器械、皮肤和创面消毒，也可用于环境、车辆、设备消毒。禁与肥皂及其他阴离子活性剂、盐类消毒剂、碘化物和过氧化物等合用，术者用肥皂洗手后，务必用水冲净后再用本消毒剂。不宜用于眼科器械和合成橡胶制品的消毒。配制器械消毒液时，需加0.5%亚硝酸钠，其水溶液不得贮存于聚乙烯制作的容器内，以避免与增塑剂起反应而使药液失效。

（4）月苄三甲氯铵。

具有较强的杀灭病原微生物作用，金黄色葡萄球菌、猪丹毒杆菌、鸡白痢沙门菌、化脓性链球菌、新城疫病毒、口蹄疫病毒以及细小病毒等对其较敏感。可用于畜禽舍及器具的消毒。禁与肥皂、酚类、原酸盐类、酸类、碘化物等混用。

（5）聚维酮碘。

通过不断释放游离碘，破坏病原微生物的新陈代谢而使之死亡，是一种高效低毒的消毒药物，对细菌、病毒和真菌均有良好的杀灭作用。可用于手术部位、皮肤黏膜消毒，也可用于平常环境消毒。对碘过敏的动物禁用。小动物用碘涂擦皮肤消毒后，宜用70%酒精脱碘，避免引起发泡或发炎。不应与含汞药物配伍。

(6)戊二醛。

具有广谱、高效和速效的消毒作用。对革兰阳性和革兰阴性细菌均具有迅速的杀菌作用,对细菌繁殖体、芽孢、病毒、结核杆菌和真菌等均有很好的杀灭作用。水溶液在pH 7.5~7.8时,抗菌效果最佳。可用于橡胶、塑料物品及手术器械消毒。医疗器械消毒之前应先清洗;消毒后需用无菌水冲洗干净,擦干后再用。戊二醛对金属器械,如不锈钢、镀铬制品以及镜面等腐蚀性小。但对手术刀片等碳钢制品有腐蚀性,使用前应先加入0.5%亚硝酸钠缓蚀剂。常规浓度下可引起接触性皮炎或皮肤过敏反应,应避免接触皮肤和黏膜。误服可引起消化道黏膜炎症、坏死和溃疡,引起剧痛、呕吐、呕血、便血、血尿、尿闭、酸中毒、抽搐和循环衰竭。

(7)过氧乙酸。

也称过醋酸,为强氧化剂,遇有机物放出初生态氧产生氧化作用而杀灭病原微生物。用于杀灭厩舍、用具表面等的细菌、芽孢、真菌和病毒。本品腐蚀性强,操作时应戴上防护手套,避免药液灼伤皮肤,稀释时避免使用金属器具。配好的溶液应置于玻璃瓶内或硬质塑料瓶内低温、避光、密闭保存。

(8)高锰酸钾。

强氧化剂,遇有机物、加热、加酸或碱等条件均可释放新生态氧而起杀菌、除臭、氧化等作用。常用于皮肤创伤及腔道炎症的创面消毒、止血和收敛,也可用于缓减有机物中毒。要严格掌握不同用途使用不同浓度的溶液,称量要准确,浓度过小效果不好,浓度过大易产生刺激。勿用湿手直接拿取本品结晶,否则手指可被染色或腐蚀。水溶液易失效,药液需新鲜配制,避光保存,久置变棕色而失效。喷药后及时清洗药械,否则可能损坏器械。由于高锰酸钾对胃肠道有刺激作用,在误服有机物中毒时,不应反复用高锰酸钾溶液洗胃。动物内服本品中毒时,应用温水或添加3%过氧化氢溶液洗胃,并内服牛奶、豆浆或氢氧化铝凝胶,以延缓吸收。在干燥天气,本品与有机物接触、摩擦、碰撞易引起燃烧,请在阴凉通风,远离火种、热源的地方贮存、搬运、使用本品,且搬运时请轻装轻卸,防止包装及容器损坏。

(9)环氧乙烷。

低温下为无色透明液体,沸点为10.8 ℃,贮存于钢瓶、耐压铝瓶或玻瓶内。其气体穿透力强,有较强的杀菌能力,对细菌芽孢也有很好的杀灭作用。对大多数物品不造成损坏,可用于皮毛、皮革、丝毛制品、器械及包装物的熏蒸消毒。对人和动物有毒性,且其蒸气遇明火会燃烧甚至爆炸,按1:9加入二氧化碳或其他惰性气体可避免爆炸,必须具备一定安全条件时才可使用。使用方法是用热水(80 ℃)将装环氧乙烷的容器加热,使之汽化。在室温15 ℃时，每1 m^3密闭空间使用环氧乙烷0.4～0.8 kg，维持12～48 h，保持相对湿度在30%以上。

(10)氢氧化钠。

也称为苛性钠、烧碱，对细菌和病毒均有强大的杀灭力，常配成1%～2%的热水溶液消毒被污染的畜舍、地面和用具等。在其中加入5%～10%的食盐，可增强其对炭疽杆菌的杀菌能力。本品对金属物品有腐蚀性，消毒完毕要冲洗干净。对皮肤和黏膜有刺激性，不能用于带体消毒。

(11)石灰乳。

取生石灰(氧化钙)1份加水1份制成熟石灰(氢氧化钙)，然后用水配成10%～20%的混悬液用于消毒。若熟石灰存放过久，吸收了空气中的二氧化碳，变成碳酸钙，则失去消毒作用。因此在配制石灰乳时，应现配现用，以免失效。石灰乳消毒作用较差，只适用于粉刷墙壁、圈栏、地面、沟渠等。生石灰1 kg加水350 mL化开而成的粉末，也可撒布在阴湿地面、粪池周围等处进行消毒。直接将生石灰粉撒播在干燥地面上，不但没有消毒作用，反而会使家畜蹄部干燥开裂。

3.常见的消毒方法

(1)入场人员消毒。

养殖场人员及外来人员进入生产区时，要遵守场内防疫制度，在生产区入口消毒室内经喷雾或紫外线照射消毒，并按指定线路行走。有条件的养殖场还应在消毒后洗澡、更换衣物，穿戴消毒工作服、帽和靴经消毒池进入生产区。工作人员在接触畜群、饲料、种蛋之前必须洗手，并用1∶1000的新洁尔灭溶液浸泡消毒3～5 min。有条件的养殖场在进入生产区之前还应再次洗澡和更换工作服、帽和靴。

(2)车辆清洗。

车辆在进入养殖场之前，先用高压水枪进行清洗，最好在养殖场专用洗车站完成。清洗之前需把所有挡板等遮盖物打开，以保证不留死角。车底、轮胎等是重点清洗部位。一般车辆要完成2～4次清洗，即养殖场应设置2～4个专用洗车站，并根据养殖场疫病防控要求进行特定病原的核酸检测，特别是非洲猪瘟病毒的检测。取样需在车的不同部位进行，包括前、后、左、右、上、下等。采集的样品可进行混合后提取核酸。当检出养殖场规定的不能带入病原的核酸时，需检查可能未清洗到的死角，如被挡板覆盖的凹槽等，并再次进行清洗和核酸检测，直至无特定病原检出。

(3)养殖场环境消毒。

养殖场大门入口处设消毒池，使用2%氢氧化钠或5%来苏尔溶液作为消毒液。消毒池四周及顶部安装消毒液喷淋设施，供进出车辆消毒，注意定期更换消毒液。每隔1～2周用2%～3%氢氧化钠溶液喷洒消毒道路；用2%～3%氢氧化钠溶液、3%～5%甲醛溶液或0.5%过氧乙酸溶液喷洒消毒场地。动物圈舍周围环境每2～3周用2%氢氧化钠溶液消毒一次或撒生石灰一次；养殖场周围及场内污水池、排粪坑、下水道出口，每月用漂白粉消毒一次。

被病畜的排泄物和分泌物污染的地面土壤，可用5%～10%漂白粉溶液或10%氢氧化钠溶液消毒。停放过芽孢菌所致传染病（如炭疽病、气肿疽等）病畜尸体的场所，或者是此类病畜倒毙的地方，应严格消毒。首先用10%～20%漂白粉乳剂或5%～10%二氯异氰尿酸钠喷洒地面，然后将表层土壤掘起30 cm左右，撒上干漂白粉与土混合，将此表土运出掩埋。运输时应使用不漏土的车，以免沿途漏撒。若无条件将表土运出，则应增加干漂白粉的用量（1 m^2加漂白粉5 kg），将漂白粉与土混合，加水湿润后原地挖坑填埋。

(4)动物圈舍的消毒。

动物圈舍的消毒包括平时的预防性消毒、发生疫情后的临时消毒和疫情结束后的终末消毒三类。

①预防性消毒。

消毒频率：一般情况下，动物圈舍的走道、墙壁、圈栏、笼具等应每周进行1～2次喷洒消毒；内部空间、环境每年可进行两次（春、秋各一次）严格、彻底的全面大消毒。在采取“全进全出”饲养方式的养殖场，应在每批次动物“全出”后进行彻底消毒。产房在动物产仔前应进行一次彻底消毒，产仔高峰期可根据实际情况进行多次消毒，产仔结束后再进行一次彻底消毒。

消毒方法：动物圈舍的消毒方法可分三个步骤，第一步先进行机械清扫，第二步用清水冲洗，第三步选择合适的消毒方法消毒。机械清扫、冲洗是搞好动物圈舍环境卫生最基本的方法，也是保证消毒效果的前提。认真彻底地清扫、冲洗可减少圈舍中80%左右的病原微生物。清扫、冲洗后，可根据需要分别采取不同的消毒方法，最常用的是化学和物理消毒法。化学消毒法包括喷洒消毒和熏蒸消毒，物理消毒法包括火焰消毒和紫外线照射。

A.喷洒消毒：常用的消毒剂有10%～20%石灰乳和5%～10%漂白粉溶液。喷洒消毒液的用量通常按动物圈舍内的面积来计算，一般每平方米用药液1 L，或至少能把待消毒的对象通过药液完全覆盖。消毒时，先喷洒天花板，再喷洒墙壁，最后由离门最远处开始喷洒地面至门口。2 h以后打开门窗通风。动物进入前用清水刷洗饲槽、笼具、地面等，去除石灰和消毒液气味。

B.熏蒸消毒：该方法可对室内所有物品和空间，包括空气、墙缝、孔洞等其他消毒方法难以达到的死角进行彻底消毒。保温箱、补料槽、饲料车、料箱等先冲洗干净，接着用0.1%新洁尔灭或0.2%～0.5%过氧乙酸喷洒消毒，然后再进行熏蒸消毒。熏蒸消毒所用药品是甲醛和高锰酸钾，用量按1 m^3空间甲醛25 mL、水12.5 mL、高锰酸钾12.5 g（或以生石灰代替）来计算，也可以将甲醛和水混合后，通过其他加热方法让甲醛气体挥发以进行熏蒸消毒。熏蒸前将动物迁出，密闭门窗，室温不应低于15 ℃。将舍内用具、工作服、箱子与柜橱的门都打开。在圈舍内适当位置分别放置若干陶瓷或搪瓷等耐腐蚀容器。先将水与甲醛混合倒入容器内，再将称量好的高锰酸钾倒入甲醛溶液中，用木棒搅拌，经数秒即有灰白色刺激性气体蒸腾上升。消毒人员此时应迅速撤离，将门关闭。12～24 h后方可将门窗打开通风。倘若急需使用动物圈舍，则需用氨气来中和甲醛。每100 m^3空间按500 g氯化氨、1 kg生石灰及750 mL水（加热到75 ℃）配制混液。将此混合液装于小桶内放入动物圈舍。或者用氨水来代替，按每100 m^3空间用25%氨水1250 mL，中和20～30 min后，打开动物圈舍门窗通风20～30 min，即可迁入动物。

②临时消毒。

临时消毒是发生疫情时需采取的临时紧急消毒措施，目的是切断传播途径、尽快控制疫情。

发生疫情后，采取消毒措施越早、越快、越彻底，疫情防控效果越好。对危害巨大的烈性传染病必须在疫情发生或接到报告后6～12 h内采取消毒措施。根据疫病性质和严重程度选择不同的消毒剂、消毒方法、消毒时间及其间隔。性质不严重、传染性不强的一般传染病如鸡大肠杆菌病、鸡脑脊髓炎、猪渗出性皮炎和流行性乙型脑炎等，可选用5%漂白粉乳剂、1%～2%氢氧化钠热溶液、生石灰等每1～2 d消毒一次。但如果发生严重传染病（如口蹄疫、禽流感、炭疽、气肿疽、结核病、布鲁菌病、猪瘟、新城疫等）时，则需使用10%～20%漂白粉乳剂、10%～20%氢氧化钠热溶液或其他强力消毒剂进行消毒。在消毒动物圈舍的同时，还应在所有动物圈舍、隔离舍的出入口处放置带消毒液的麻袋片或草垫以及洗手消毒用的消毒设施。

③终末消毒。

终末消毒是指疫情过后疫区内传染源消失、终止传染状态后，对疫区进行一次彻底消毒。对某些重大疫情，在其平息或终止后需进行终末消毒，可防止残留病原体导致疫情复发。终末消毒需在动物疫病防控部门指导下由具备消毒知识的专业人员实施。

A.工作程序。消毒人员首先向疫区或疫点内有关人员做好防疫知识宣传，禁止无关人员进入消毒区域。脱掉外衣放在自备的布袋中，切勿随意放在可能污染的环境中。换上工作服、胶鞋，戴上口罩、帽子。使用对黏膜有刺激性的消毒剂如醛类、过氧乙酸或含氯制剂时需戴防护眼镜。仔细了解疫区动物及其圈舍、活动场所、排泄物、污染物存放地点、污水排放处，以及用过的物品、用具。据此确定消毒范围和对象，选择适宜的消毒方法。首先消毒各种通道，然后分别同时或先后消毒圈舍和疫区环境。消毒前和消毒后一定时间内分别对不同消毒对象进行采样，以备做病原检测后对消毒效果进行评价。

B.消毒方法。首先分别测量圈舍、环境需消毒对象的面积（含地面、墙壁和天花板等），需对室内空气或污水消毒时还应计算其体积，据此计算消毒剂的用量。消毒方法、消毒剂种类和浓度的选择如前所述，应根据疫情性质而定。一般大面积的地面、墙壁等常用5%漂白粉乳剂、1%～2%氢氧化钠热溶液、生石灰等，舍内空气可用0.5%过氧乙酸喷雾或甲醛蒸气熏蒸消毒。对室内地面、墙壁、用具和物品消毒时，应按照先上后下、先左后右、先里后外的方法依次进行消毒。浸泡消毒时，必须使消毒液浸透被消毒物品。擦拭消毒必须反复擦拭2～3次。对耐高温的消毒对象如金属笼具、圈栏等可用火焰消毒；对污染重、可燃烧的废弃物应彻底焚烧。同时对厕所、垃圾、下水道口、污水沟、树木花草、自来水龙头等也采用适当方法进行消毒，不留任何死角。最后，按照从里向外的顺序沿道路再次消毒至疫区（场区）出口处。消毒完毕，将消毒人员的工作服、胶靴等进行喷洒消毒后脱下。将衣物污染面向内卷在一起，放入专用容器中带回消毒。所用消毒工具表面用消毒剂进行擦洗消毒。详细填写终末消毒工作记录。

到达规定的消毒作用时间时，由检验人员对不同消毒对象进行采样，并打开门窗通风，用清水冲洗饲槽、笼具、栏舍及物品用具等。

（5）带动物消毒。

带动物消毒就是在舍内动物不移出的情况下，选用刺激性小的高效消毒剂均匀喷洒在舍内空间之中，起到消毒降尘、预防疾病的消毒方法。该方法还可起到干燥时加湿、高温时降温的作用。在疫病流行时，该方法可作为综合防控措施之一，对及时扑灭疫情具有重要作用。带动物消毒的基本流程如下。

①消毒前准备。清理粪便、打扫卫生，减少环境中的污物，可发挥更好的消毒效果。

②消毒液的选择。选择刺激性小、消毒效果好、易溶于水、无腐蚀性或腐蚀性小的消毒剂。常用的有0.1%新洁尔灭、百毒杀和0.3%～0.5%过氧乙酸等。一般常将几种消毒剂交替使用。

③消毒液的配制。一般每立方米空间需要用水300～500 mL，一般以消毒对象包括墙壁和地面等，要以完全被消毒剂所覆盖为原则。不同季节，消毒剂用水量应灵活掌握。在一定范围内，消毒剂的作用效果与温度成正比。消毒液温度每提高10 ℃，杀菌能力约

增强1倍，但是最高不能超过45 ℃。冬季配消毒液时最好用温水。

④消毒顺序。一般按照从上至下、由里向外的顺序。如果采用纵向机械通风，前后顺序则相反，应从进风口向排风口顺着空气流动的方向消毒。对通风口与通风死角的消毒务必彻底，这些地方往往是最容易被忽视的关键位置。

⑤消毒时间。最好选在每天11:00～14:00进行消毒，此时气温较高。根据舍内温度掌控消毒时间，舍温高时，人工喷雾应放慢移动速度，固定管网喷雾消毒应适当延长喷雾时间；舍温低时，适当加快速度、缩短喷雾时间，减小对动物的冷应激。

⑥消毒方法。消毒枪应在动物上方50～100 cm处均匀喷洒，消毒液呈雾状均匀飘落在笼具、动物体表和地面，不可直接喷射动物体表。同时，喷洒、冲洗天花板、房梁与通风口处。在闷热的夏季消毒后应增加通风，以降低湿度。

(6)粪便的消毒。

患传染病病畜粪便的消毒方法有多种，如焚烧法、化学药品消毒法、掩埋法和生物热消毒法等。实践中最常用的是生物热消毒法，此法可有效杀灭粪便中的非芽孢病原微生物，且不丧失肥料的应用价值。生物热消毒法通常有两种，一种为发酵池法，另一种为堆粪法。

①发酵池法。此法适用于大型养殖场，多用于稀薄粪便（如牛、猪粪）的发酵。一般在距场区200～250 m以外，选无居民、河流、水井的地方挖两个或更多发酵池（根据处理粪便的多少确定所需发酵池的大小或数量）。池的边缘与池底用砖砌后再以水泥涂抹防渗。待池内粪便快满时，在粪便表面铺一层干草，上面盖一层泥土封严，经1～3个月即可掏出作为肥料用。几个发酵池可轮换使用。

②堆粪法。此法适用于干固粪便（如马、羊、鸡粪等）的处理。在距场区200～250 m以外设粪场。堆粪的方法如下：在地面挖一浅沟，深约20 cm，宽1.5～2 m，长度随粪便多少而定。粪便稀薄，应加些杂草；粪便太干，倒入稀粪或加水，以促其迅速发酵。因牛粪较稀不易发酵，可掺以鸡粪或干草，比例为4份牛粪加1份鸡粪或干草。先将非传染性的粪便或蒿秆等在沟底堆至25 cm厚，其上堆放欲消毒的粪便、垫草等，高达1～1.5 m，然后在粪堆外面再铺上10 cm厚的非传染性粪便或谷草，并覆盖10 cm厚的泥土。堆放1～3个月，即可用以肥田。

(7)污水的消毒。

被病原体污染的污水可用沉淀法、过滤法、化学法等进行消毒。比较常用的是化学消毒法。先关闭污水处理池的出水管闸门，将污水引入水池，加入化学消毒剂（如漂白粉或生石灰）进行消毒。一般1 L污水用2～5 g漂白粉。消毒后，将闸门打开，使处理过的污水流入专用蓄水池或沉淀池，可重复用于圈舍冲洗或农田绿化灌溉。

（8）皮革和毛、羽原料的消毒。

对皮革和毛、羽原料的传统消毒方法是用福尔马林在密闭室内蒸熏消毒，但此法可损坏皮毛品质，且穿透力弱，较深层的物品难以达到消毒目的。目前广泛利用环氧乙烷气体来进行消毒。此法对细菌、病毒及真菌等均有良好的消毒效果，包括能产生芽孢的细菌，如炭疽杆菌。消毒必须在密闭的专用消毒室或密封良好的容器（常用聚乙烯或聚氯乙烯薄膜制成的篷布）内进行。如病原体为病毒和不生成芽孢的细菌，每立方米用300～400 g，作用8 h；如消毒产芽孢的细菌和真菌，每立方米用700～950 g，作用24 h。环氧乙烷的消毒效果与湿度、温度等因素有关，一般相对湿度30%～50%、温度18～54 ℃最为适宜。市售环氧乙烷为易挥发液化气，沸点为10.4 ℃，遇明火易燃易爆，对人有中等毒性，应避免接触其液体和吸入其气体。

3.消毒质量的检查

为了验证消毒效果，常对消毒对象进行细菌学检查。

（1）舍内空气消毒效果检测（平板沉降法）。

利用重力作用使空气中的微生物粒子自然沉降在普通琼脂或血琼脂平板上。当采样的室内面积≤30 m^2时，取对角线上的3点，即中心一点、两端距墙1 m处各取一点。当室内面积≥30 m^2时，选5点，即分别于室内四角距墙1 m处及中心点，高度为距地面80～150 cm；将培养皿的盖打开，在采样点上暴露15～20 min，然后将盖盖好，标明日期、标本名称，置于37 ℃下培养24～48 h，计算菌落数。消毒前和消毒后各采样一次，分别培养、检测细菌数，同时用未暴露的琼脂平板作为阴性对照。阴性对照若有细菌生长，说明所用培养基已被污染，试验无效，应更换后重新进行。根据消毒前后样品中细菌数量的变化来评价消毒效果，计算方法如下：

每立方米空气中细菌菌落总数（CFU/m^3）=50000 N/AT

式中，A为培养皿面积（单位：cm^2）；T为培养皿暴露时间（单位：min）；N为平均菌落数（单位：CFU/平皿）。

根据消毒前后细菌数量的变化按下式计算细菌消亡率：

$$消亡率=\frac{消毒前样本平均菌落数-消毒后样本平均菌落数}{消毒前样本平均菌落数}\times 100\%$$

除有特殊要求者外，一般自然细菌消亡率≥90%为消毒合格。注意记录试验过程中的温度和相对湿度，以便分析对比。

该法虽准确性稍差，但使用简便、经济，可反映降落到地面上的细菌数，适用于基层。

(2)圈舍墙壁、地面消毒效果检测。

①采样方法。

在消毒后的地面、墙壁、墙角以及饲槽上取样,将5 cm×5 cm的一次性标准灭菌规格板放在被检物体表面,连续采样4处,采样总面积≥100 cm^2。于每个采样处用浸有含与所用消毒剂相对应中和剂的无菌棉拭子1支,在规格板内横竖往返均匀涂擦各5次,并随之转动棉拭子。剪去手持部位后,将棉拭子投入10 mL含相应中和剂的无菌洗脱液试管内,待检。门把手等不规则物体表面用棉拭子直接涂擦采样。

注:中和剂主要是在微生物杀灭试验中,在检测消毒效果时,用以消除可能残存的消毒剂,使其失去对微生物持续抑制或杀灭作用的试剂。当以漂白粉作为消毒剂时,可用10 mL次亚硫酸盐中和之;碱性溶液用0.01%醋酸10 mL中和;福尔马林用1%~2%氢氧化钠中和。如果没有合适的中和剂,可在灭菌水中洗涤2次,时间为5~10 min,依次把棉签从一个罐内移入另一个罐内。

②细菌总数检测。

将采样管在混匀器上振荡20 s或用力振打80次,用无菌吸管吸取1.0 mL待检样品接种于灭菌平皿上,每一样本接种2个平皿,再加入熔化后冷却至45~48 ℃的营养琼脂15~18 mL,边倾注边摇匀,待琼脂凝固,置于37 ℃下培养48 h,计数菌落数。结果计算方法如下:

$$\text{细菌总数}(\mathrm{CFU/cm^2})=\frac{\text{平板上的菌落数}\times\text{稀释倍数}}{\text{采样面积}(\mathrm{cm^2})}$$

小型物体表面的结果计算,单位用"CFU/件"表示。

消毒结果判定:细菌总数≤15 CFU/cm^2且未检出致病菌为消毒合格。

【注意事项】

1.消毒是防控传染病的关键措施之一,但不是万能的,在疫病防控中需要与其他生物安全措施相配合。

2.消毒过程需要结合实际情况进行,要避免过度消毒,也要避免因消毒剂量不足造成消毒质量差,甚至使病原微生物产生抗药性。

3.消毒剂种类繁多,各养殖场消毒剂选用标准及使用类别不完全一致,在同一个养殖场,建议几种不同类别的消毒剂轮换使用。

4.多数消毒剂具有较强的腐蚀性或刺激性等,带动物消毒时需选择对人和动物安全、消毒效果好、刺激性小、无残留的消毒剂。

5.在消毒过程中,为了安全和减少刺激,工作人员应注意自我保护,佩戴手套和口罩等,不得吸烟、饮食。

6.定期检测不同类别消毒剂在特定养殖场的消毒效果是提高消毒质量的重要措施。

【思考题】

1.试述消毒的意义和种类。

2.分别列举适用于杀灭芽孢菌、非芽孢菌和病毒的化学消毒药。

3.试述粪便生物热消毒的原理。

4.如何进行动物圈舍消毒质量的微生物学检查?

5.试述消毒失败的原因。

【参考文献】

1.郑明球.家畜传染病学实验指导(第3版)[M].北京:中国农业出版社,1999.

2.陈溥言.兽医传染病学实验指导[M].北京:中国农业出版社,2016.

3.周作勇,胡世君.动物传染病学(案例版)[M].重庆:西南师范大学出版社,2019.

实验 2 病料的取材和送检

在兽医临床上，当动物发生疾病时，通常可以根据其流行病学特点、临床表现等初步给出治疗方案。若所提供的治疗方案效果不佳，或动物发病急、死亡快且死亡率高，则急需采集病料进行实验室诊断。正确采取、保存及送检病料是获得准确可靠诊断结果的前提。

【实验目的】

1. 结合临床病例诊断需求，掌握被检病料的采取方法。
2. 掌握病料的保存、包装和记录方法。

【实验材料】

1. 实验试剂

柠檬酸钠抗凝剂（5% *W/V*）、甘油缓冲盐溶液（30%和50%浓度）、福尔马林、酒精等。

2. 实验器材

刀、剪、镊子、注射器、酒精灯、采样袋、采血管、器皿、试管（或离心管）、手套、口罩、移液器等。

【实验内容】

1. 病料的采取

（1）确定能否解剖。

凡发现患畜（包括马、牛、羊及猪等）有急性死亡，表现为天然孔出血、血凝不良、血液发黑等现象，则未解剖之前，必须用显微镜检查其血液抹片或脾脏触片中是否有炭疽杆菌存在。如怀疑是炭疽时，可采取患畜的血液或脾脏（局部解剖）进行检查。只有在确定不是炭疽后，方可进行剖检。解剖时，采取有病变的脏器或组织送往实验室，以便证明其病因。

（2）取材时间。

内脏病料的采取，须于患畜死后立即进行，最好不超过6 h。时间过长，由肠内侵入的其他细菌会导致尸体腐败，从而影响病原菌的检出。

（3）消毒器械。

刀、剪、镊子、注射器、针头等金属，煮沸消毒30 min。器皿（玻璃制品、陶制品等）可用高压灭菌或干烤灭菌。软木塞、橡皮塞等置于0.5%石炭酸水溶液中煮沸10 min。载玻片应在1%~2%碳酸氢钠水溶液中煮沸10~15 min，水洗后，再用清洁纱布擦干，将其保存于酒精、乙醚等份液中备用。每采取一种病料，更换一套器械与容器，不可混用，以免造成污染。

（4）采取病料。

病料采取应根据不同的传染病采取该病病原常侵害的脏器、组织或内容物。如败血性传染病可采取心、肝、脾、肺、肾、淋巴结、胃、肠等；肠毒血症采取小肠及其内容物；伪狂犬病等有神经症状的传染病可采取脑组织等。如无法估计是哪种传染病，可进行全面采取。检查血清抗体时，采取血液，凝固后析出血清，将血清装入灭菌小瓶或离心管送检。为了避免杂菌污染，病变检查应待病料采取完毕后再进行。各种组织及液体的病料采取方法如下。

①液体病料的采集。

a.血液。

血液样品是临床上采集的最为常见的病料之一，其采集方法较多，包括耳静脉、颈静脉、尾中静脉、前腔静脉和翅静脉等。根据不同检测需求，可以采集全血、心血或血清。

全血：采取2~10 mL血液，立即注入盛有5%柠檬酸钠（按血液与5%柠檬酸钠之比为6∶1~10∶1）的灭菌试管中，搓转混合片刻即可。

心血：心血通常在右心房处采取，先用烧红的铁片或刀片烙烫心肌表面，然后用灭菌的尖刃外科刀自烙烫处刺一小孔，再用灭菌吸管或注射器吸出血液，盛于灭菌试管中。

血清：以无菌操作吸取血液，置于灭菌试管中，待血液凝固，析出血清后，吸出血清置于另一灭菌试管内。

b.脓汁。

用灭菌注射器或吸管抽取，或吸出脓肿深部的脓汁，置于灭菌试管或采样袋中。若为开放性的化脓灶或鼻腔分泌物，则用无菌棉签浸蘸后放在灭菌试管中。若计划采集的脓肿样本很黏稠，注射器无法抽取，可在脓肿部位用碘酒或酒精消毒，以灭菌刀片在脓肿偏下方切1~2 cm的长口子，挤出脓汁装入离心管中。清理完脓汁后可以用含抗生素的溶液冲洗，然后在伤口处消毒，避免感染，让伤口自行恢复即可。

②乳汁。

乳房先用消毒药水洗净（取乳者的手亦应事先消毒），并把乳房附近的毛刷湿，弃去最初所挤的3~4股乳汁，然后再采集10 mL左右乳汁于灭菌试管中。若仅供显微镜直接染色检查，则可于其中加入0.5%福尔马林液。

③胆汁。

先用烧红的刀片或铁片烙烫胆囊表面，再用灭菌吸管或注射器刺入胆囊内吸取胆汁，盛于灭菌试管中。

供显微镜检查用的脓、血液及黏液抹片：先将材料置于玻片上，再用一灭菌玻棒均匀涂抹或另用一玻片推片。组织块、致密结节及脓汁等亦可压在两张玻片中间，然后沿水平面向两端推移。用组织块作触片时，持小镊子将组织块的游离面在玻片上轻轻触碰或涂抹即可。

（2）固体病料的采集。

①淋巴结及内脏。

将淋巴结、肺、肝、脾及肾等有病变的部位各采取1~2 cm^3大的小方块，分别置于灭菌试管或平皿中。若为供病理组织切片的材料，应将典型病变部分及相连的健康组织一并切取，组织块的大小每边约2 cm，同时要避免使用金属容器，尤其当病料是供色素检查时（如马传贫、马脑炎及焦虫病等）更应注意。

②肠及内容物。

用烧红的刀片或铁片将欲采取的肠表面烙烫后穿一小孔，持灭菌棉签插入肠内，以便采取肠管黏膜或其内容物，亦可用线扎紧一段肠道（约6 cm）两端，然后将两端切断，置于灭菌器皿内。

③皮肤。

取大小约10 cm×10 cm的皮肤一块，保存于30%甘油缓冲溶液、10%饱和盐水溶液或10%福尔马林液中。

④胎儿。

将流产后的整个胎儿，用塑料薄膜、油布或数层不透水的油纸包紧，装入木箱内，立即送往实验室。

⑤小家畜及家禽。

将整个尸体包入不透水塑料薄膜、油纸或油布中，装入木箱内，送往实验室。

⑥骨头。

需要完整的骨头标本时，应将附着的肌肉和韧带等全部除去，表面撒上食盐，然后包于浸过5%石炭酸水或0.1%氯化汞液的纱布或麻布中，装于木箱内送到实验室。

⑦脑、脊髓。

如采取脑、脊髓作病毒检查，可将脑、脊髓浸入50%甘油盐水液中或将整个头部割下，包入浸过0.1%氯化汞液的纱布或油布中，装入木箱或铁桶中送检。

2. 病料的保存

病料采取后，原则上应立即送检，如不能立即检验，或需送往有关单位检验，应当加入适量的保存剂，使病料尽量保持新鲜状态。如何保存检验材料，须熟悉常用保存剂的性状、用途及配制方法。

(1)几种保存剂的配制法。

① 30%甘油缓冲盐水溶液：纯中性甘油30 mL，氯化钠0.5 g，碱性磷酸钠1.0 g，中性蒸馏水加至100 mL，混合后，高压灭菌30 min备用。

②50%甘油缓冲盐水溶液：氯化钠2.5 g，酸性磷酸钠0.46 g，碱性磷酸钠10.74 g，纯中性甘油150 mL，中性蒸馏水300 mL，混合分装后，高压灭菌30 min备用。

③10%福尔马林溶液：取福尔马林10 mL加入蒸馏水90 mL即成。

④饱和食盐水溶液：取一定量的蒸馏水加入纯氯化钠，不断搅拌至不能溶解为止（一般为38%~39%），然后用滤纸过滤。

⑤鸡蛋生理盐水溶液：先将新鲜鸡蛋的表面用2%碘酊消毒、75%乙醇脱碘后将鸡蛋打开，将内容物倾入灭菌的容器内，按全蛋9份加入灭菌生理盐水1份的比例操作（灭菌盐水占总量的10%），摇匀后用灭菌纱布过滤，再加热至56~58 ℃，持续30 min，第2 d及第3 d按上述方法再加热一次，即可应用。

3. 常用组织材料的保存

(1)细菌检验材料。

主要用于细菌的分离。固体组织一般保存于饱和氯化钠溶液或30%甘油缓冲盐水溶液中，密封容器。液体可装在封闭的毛细玻璃管或试管中运送，保存温度为4~8 ℃。如用于细菌学检验的病料只需保存较短时间，如1 d内，可不加保存液，直接置于4~8 ℃冰箱中保存。

（2）病毒检验材料。

主要用于病毒的分离鉴定等。固体组织保存于灭菌的50%甘油缓冲盐水溶液或鸡蛋生理盐水溶液，密封容器。液体可用含适量抗生素的细胞培养液保存，但不能加任何影响细胞培养的防腐剂，保存温度越低越好。也可不加保存剂，直接冷冻于−20 ℃的冰箱中。

（3）液体样品材料。

血清、胸水、腹水等不做病原分离培养，仅供血清学反应时，可在每毫升样品中加入3%~5%石炭酸溶液1~2滴，一般4~8 ℃保存即可，也可将液体样本分装后在−20 ℃条件下保存。

（4）组织病理材料。

固体材料（如小块肠、耳、脾、肝、肾及皮肤等）常用10%福尔马林液，亦可用95%~100%酒精固定，上述任何一种保存液的用量均需较标本大10倍。如用10%福尔马林液固定组织时，经24 h应重换新鲜液一次。

脑、脊髓等神经系统组织，需固定于10%中性福尔马林溶液内。在寒冷季节，为了避免病料冻结，在运送前，可将预先用福尔马林固定过的病料置于含有30%~50%甘油的10%福尔马林溶液中。

4.病料的记录、包装和运送方法

（1）病料送往检验室时，运送病料的容器要详细编号并做好记录，同时需附病料送检单2份，在外包装上要有显著的“送检病料样品，严防摔扔碾压”等标志。

（2）病料的包装和运送。

①液体病料（如黏液、渗出物、尿及胆汁等）最好收集在灭菌的细玻璃管中，管口用火焰封闭，封闭时，注意勿使管内病料受热。

②装盛组织或脏器的玻制容器、病料包装容器要牢固，做到安全稳妥，对于危险材料、怕热或怕冻的材料要分别采取措施。一般病原学检验的材料怕热，应放入加有冰袋的保温瓶或冷藏箱内送检，也可在保温瓶内放入氯化铵450~500 g，加水1500 mL，上层放病料，使保温瓶内持续24 h保持0 ℃。供病理学检验的材料放在10%福尔马林溶液中，不必冷藏。

当怀疑为危险传染病（炭疽、口蹄疫等）的病料时，应将盛病料的器皿置于金属匣内，将匣焊封加印后装入木匣寄送。

③病料装于容器内至送到检验部门的时间，应越短越好，长途运输以空运为宜。运送途中，须避免病料接触高温及日光，以免材料腐败或病原体死亡。

【注意事项】

1. 采集病料对象除了病死动物，也可以将濒临死亡的动物处死后进行采集，同时为了提高诊断可靠性，可根据具体情况，同时采集几头（只）动物样本作为备用。

2. 为提高疫病诊断的目标性，采样前可预先与送检单位联系咨询采样及送检的具体要求。

3. 在采样时，采样人员要做好个人防护，采样后要严格消毒，避免污染环境。

【思考题】

1. 试述正确采取病料和运送病料的实际意义。

2. 现有疑似非洲猪瘟病猪尸体，以及疑似脑炎病马尸体各一具，试分别叙述其病料采取、包装和运送方法。

【参考文献】

1. 陈溥言. 兽医传染病学实验指导[M]. 北京：中国农业出版社，2016.

2. 刘晓东. 兽医传染病学实验指导[M]. 北京：中国农业大学出版社，2017.

实验3

免疫接种技术

免疫接种是指采用人工的方法将有效的生物制品(疫苗或免疫血清)接种到动物体内,使动物机体自身产生或被动获得对某一病原微生物的特异性抵抗力的方法,是降低动物对传染病易感性最重要的措施之一。免疫接种方法很多,主要有注射免疫法、经口免疫法、气雾免疫法、点眼法、滴鼻法、刺种法等,须根据疫苗的性质、种类、疫病的特点、免疫程序、畜禽年龄及数量等进行合理选择。

【实验目的】

1. 认识免疫接种的意义。

2. 了解兽医生物制品的种类、保存、运送和用前检查方法。

3. 掌握免疫接种的步骤和方法。

【实验材料】

1. 实验试剂

各种疫苗、疫苗稀释液、高免血清或高免卵黄抗体、75%酒精、2%~5%碘酊、来苏尔、新洁尔灭、急救药品(0.1%盐酸肾上腺素、盐酸异丙嗪或地塞米松磷酸钠)等。

2. 实验器材

金属注射器(10 mL、20 mL、30 mL等规格),一次性注射器(1 mL、2 mL、5 mL、10 mL等规格),连续注射器(2 mL、5 mL等规格),针头,刺种针,点眼(或滴鼻)滴管,带盖搪瓷盘,镊子,量筒,疫苗冷藏箱,体温计,脱脂棉,纱布,保定动物器械,煮沸消毒锅,高压蒸汽灭菌锅,气雾免疫设备,防护物品等。

3. 实验动物

雏鸡、雏鸭、家兔等。

【实验内容】

1.兽医生物制品的保存和运输

兽医生物制品应保存在低温、阴暗和干燥场所，病毒性活疫苗、冻干活疫苗、高免血清一般在−15 ℃条件下冷冻保存，温度越低，保存时间越长。非冻干活菌苗（湿苗、液体苗），灭活苗，类毒素等在2~15 ℃下保存，切忌冻结。细胞结合型疫苗在液氮中（−196 ℃）保存。运输时要按照兽医生物制品的保存温度要求进行运送，途中避免日光直射，尽快运送到保存地点或接种场所。

2.免疫接种前的准备

（1）清洗与消毒器械。

临用前，将注射器、针头、镊子等器械用清水清洗干净，然后用纱布包好，放入高压蒸汽灭菌锅中于121 ℃下高压灭菌20 min，或者煮沸消毒30 min，冷却后备用。灭菌后的器械若1周内不用，下次使用前应重新灭菌消毒，禁止使用化学药品消毒器械。

（2）做好个人防护。

穿工作服、胶鞋，戴帽子、口罩、橡胶手套等，工作前后均应洗手消毒。

（3）检查待接种动物健康状况。

凡是患病或疑似患病动物（如精神、食欲、体温、粪便等异常），瘦弱、年老、年龄过小和怀孕后期的动物不予接种或暂缓接种，并做好登记，以便后期补种。

（4）疫苗的准备。

①检查疫苗。

使用前，应详细阅读疫苗使用说明书，并检查疫苗外观质量，若发现下列情形之一者，不得使用：疫苗瓶破损、瓶盖或瓶塞密封不严或松动的；没有瓶签、瓶签模糊或不完整的；没有批准文号的；超过有效期的；失真空的；制品质量与说明书不符的，如色泽改变、破乳、超过规定量的分层等；瓶内有异物、有臭味的；没有按规定方法保存的。不能使用的疫苗应立即废弃，活疫苗应煮沸消毒后再进行无害化处理。

②平衡灭活疫苗温度。

从冰箱中取出灭活苗，置于室温（25 ℃左右）下1~2 h，平衡疫苗温度。

③稀释疫苗。

按疫苗说明书规定的稀释方法、稀释倍数和稀释剂来稀释疫苗。疫苗要现用现配，稀释前后均应置于阴凉处或保温箱中，避开阳光照射和高温环境。活疫苗稀释后须在2 h内用完，灭活疫苗开启后须在当天用完。

3.免疫接种的方法

(1)注射免疫法。

注射免疫法是多数疫苗尤其是灭活疫苗常用的接种方法,可分为皮下接种、皮内接种、肌肉接种和静脉接种等,其中皮下接种和肌肉接种应用最多。

①皮下接种法。

接种部位:皮下接种应选择皮薄、被毛少、皮肤松弛、皮下血管少的部位。马、牛等大家畜的皮下接种部位在颈侧,猪在耳根后或股内侧,羊在颈侧、背胸侧或股内侧,家禽在胸部或大腿内侧,兔及小鸡在颈背部。

接种方法:根据注射量和畜禽大小选择相应的注射器和针头,如家禽多选用9号短针头,小鸡用7号短针头,猪用9号、12号针头。将动物保定好,用2%~5%碘酊消毒注射部位(被毛浓厚者可剪毛后消毒),再用75%酒精棉球脱碘,待酒精挥发后,左手捏起注射部位的皮肤,呈一个三角形皱褶,右手持注射器,从皱褶基部陷窝处进针,注射完毕,拔出针头,用无菌干棉球按压针孔。皮下注射疫苗时,一定要捏起皮肤,不能只捏住被毛或羽毛,同时,要防止针头刺穿皮肤,将药液打出体外。

应用:皮下接种法的注射操作较简便,吸收较皮内接种快,但使用剂量较大。大部分常用的疫苗和免疫血清均可采用此法接种。

②皮内接种法。

接种部位:马的皮内接种在颈侧或眼睑部位,牛、羊在颈侧或尾根部位,猪在耳根后,鸡在肉髯,兔在背部,犬在耳背部。

接种方法:一般使用小容量的注射器或特制的1~2 mL注射器和短针头。先保定好动物,对注射部位进行消毒,绷紧皮肤,右手持注射器,针头斜面向上,与皮肤呈5°角插入皮内,注入药液时感觉有一定阻力,局部可见半球形隆起。皮内接种时,针头不要插入过深,以免进入皮下,药液应注入表皮和真皮之间;拔出针头后注射部位不要用棉球按压揉擦。

应用:皮内接种法使用的药液较少,但操作技术要求较高,现有疫苗仅羊痘弱毒菌苗采用皮内接种法,其他在一些诊断液注射上采用此法,如牛结核、副结核、马鼻疽等。

③肌肉接种法。

接种部位:马、牛、羊的肌肉接种在颈部或臀部,猪在颈部或耳根后,家禽在胸肌部或大腿部。

家畜接种方法:根据动物种类、药液性质和注射量等选择合适的注射器和针头。将家畜适当保定,消毒注射部位,右手持注射器,针头垂直插入肌肉内,左手固定注射器,右手将针芯回抽一下，如无回血时方可将药液慢慢注入，若有回血，可将针头拔出少许再行抽试。如果动物不安或皮厚不易插入，可将注射针头拔下，右手拇指、食指和中指紧持针尾，迅速插入注射部位的肌肉内，再连接上注射器，注入药液，注射完毕，拔出针头，用无菌干棉球按压针孔。

家禽接种方法：注射时，针头与注射部位呈30°角，胸肌注射选择胸部的1/3处，龙骨突的两侧，朝背部方向插入，不要向后部或两侧垂直插入，以免伤及内脏。腿肌注射时，将针头向身体方向插入大腿外侧、膝关节上部肌肉丰满处，切忌靠近膝关节。

注意事项：针头插入时，不能刺伤骨膜、关节及内脏，也不能把疫苗注射入脂肪内影响吸收；进针时要防止针头弯曲、折断，如针头弯曲，要及时更换针头，如针头折断且断端滞留在动物体内，要及时固定断端并取出针头；拔针时，观察药液是否流出，如有流出，要及时补注，以保障足够的免疫剂量。

应用：肌肉接种法药液吸收快，注射方法也较简便，但由于肌肉组织致密，一个部位不能注射较大量药液，同时接种部位不当易引起跛行。大部分疫苗和免疫血清均可采用此法接种。

④静脉接种法。

马、牛、羊的静脉接种在颈静脉，猪、兔在耳静脉，鸡在翼下静脉，犬、猫在头静脉或隐静脉部位。

静脉注射主要用于抗病血清的紧急预防或治疗。静脉注射可大剂量接种，奏效快，能及时抢救患病动物，但操作技术要求高，如使用异种动物血清，可能引起过敏反应。

(2)经口免疫法。

分饮水免疫和喂食免疫，前者是将可供口服的疫(菌)苗混于水中，动物通过饮水而获得免疫，后者是将可供口服的疫(菌)苗用冷的清水稀释后拌入饲料，动物通过吃食而获得免疫。

操作要点：①按畜禽头数和每头畜禽的平均饮水量或吃食量，准确计算需要用的疫(菌)苗剂量；②免疫前，停水或停料2~4 h(视天气和饲料情况而定)，以保证所有畜禽都能在短时间内饮(或吃)入足够量的疫苗；③饮水免疫时，准备足够数量的清洁饮水器，饮水器上不能有消毒剂、洗涤剂等化学药物残留；④稀释疫苗的水必须不能含有使疫苗灭活的物质，如氯、锌、铜、铁等离子，最好用去离子水或蒸馏水，禁用含漂白粉的自来水；⑤将稀释好的疫(菌)苗尽快饮喂或拌入饲料中饲喂，饮喂时间控制在1~2 h；⑥饮水中可添加0.1%脱脂奶粉或山梨醇以保护疫苗；⑦饮水免疫建议在清晨或傍晚进行，防止气温过高等影响免疫效果；⑧对散养动物可每隔数分钟慢慢驱赶一次，使弱势动物也有机会饮到疫苗。

应用：经口免疫法省时、省力，适用于高效价疫苗对动物群体免疫，但由于进入每头畜禽体内的疫（菌）苗的量不同，导致免疫不均匀，且产生的抗体水平较低，一般不适用于初次免疫。

（3）气雾免疫法。

此法是通过气雾免疫设备，使经稀释的疫苗形成一定大小的雾化粒子，均匀地悬浮在空气之中，畜禽通过呼吸而进入体内，以达到免疫目的。

气雾免疫设备按动力来划分，主要有电动和气动两种，每种又有不同型号，使用时，要根据具体情况来选择。气雾免疫的效果与雾化粒子的大小有很大关系，雾化粒子越小，进入呼吸道越深，但对幼龄动物呼吸道刺激也越大，粒子越大，仅能覆盖动物的上呼吸道，因而，雾化粒子的大小须根据动物的种类、年龄以及疫苗等情况来选择。气雾设备喷出粒子的大小要符合免疫要求，一般情况下，对成年动物来说，直径1~10 μm的为有效粒子，而幼龄动物特别是幼雏气雾免疫的粒子直径以40 μm为宜，雾化的有效粒子率应在70%以上。测定雾化粒子大小时，可用一张干净盖玻片，周围涂上凡士林，在盖玻片中央滴一小滴机油，在距喷头10~30 cm处迅速通过，使雾化粒子吹于机油面上，立即将盖玻片液面向下盖于有凹口的载玻片上，在显微镜下测量雾化粒子直径，并计算有效粒子率。

操作要点如下。

①免疫前，清洗和调试气雾免疫设备，观察能否正常喷出符合要求的雾化粒子，若有问题，进行维修或校正。②疫苗的用量及稀释。稀释疫苗的水质必须新鲜干净，无消毒剂、无氯离子、无金属离子，一般使用蒸馏水或去离子水，不要用生理盐水。疫苗用量可根据推荐剂量使用，用水量要根据动物房舍（或免疫室）大小、饲养方式、年龄、雾化粒子大小等来选择，先用蒸馏水试喷，确定行进路线和喷雾速度。稀释疫苗时，最好在水中开启疫苗瓶，彻底冲洗疫苗，并混合均匀。③喷雾时，关闭门、窗和通风设备，减少空气流动，避免阳光直射，降低舍内光照。对于开放式圈舍，应选择一天中最凉爽时段进行喷雾，并避免大风天气，喷雾完毕，要密闭15~20 min后，才能开启通风口和通风设备，或将动物放出。④气雾免疫时，适宜环境温度为18~24 ℃，相对湿度控制在70%以上，温度过高、湿度偏低或风力稍大都会使疫苗雾滴蒸发过快。⑤气雾免疫可能因刺激动物呼吸道黏膜，诱发如支原体病等呼吸系统疾病，因此在气雾免疫前后各3 d，可在动物饮水或饲料中添加预防呼吸系统疾病的药物（所用药物不能对接种疫苗有影响）。

应用：气雾免疫法省时省力，对呼吸道有亲嗜性的疫苗（如鸡新城疫Ⅱ系弱毒苗、鸡新城疫Ⅳ系弱毒苗、传染性支气管炎弱毒苗等）免疫效果很好，但操作技术要求比较严格，疫苗用量较大，当空气不清洁时，易引起鸡支原体感染或大肠杆菌性气囊炎等疫病。

(4)点眼、滴鼻法。

操作方法:先确定滴瓶1滴的滴注量或使用标准滴头;计算所需疫苗总数和疫苗稀释液用量,然后将疫苗溶解于专用稀释液或无菌生理盐水中,充分摇匀;操作时,一只手轻轻固定幼雏的头部,使眼或鼻孔位于水平面上,另一只手持滴瓶,将疫苗自0.5~1 cm高度垂直滴入眼睛或鼻孔内,待疫苗完全被吸进去再放手,滴鼻时,可用指头封住一侧的鼻孔,以确保疫苗能更好地从另一侧的鼻孔吸入。在点眼、滴鼻时,滴头和鸡体不可直接接触,以免损伤眼睛;接种时,滴头要垂直,以保证每滴疫苗接种剂量恒定。

应用:点眼、滴鼻法可刺激机体产生黏膜免疫,对呼吸道疾病有良好的免疫效果,适用于鸡新城疫Ⅳ系苗、传染性支气管炎疫苗和鸡传染性喉气管炎弱毒疫苗的接种,但工作量较大,且难以保证疫苗全部进入每只鸡的眼内或鼻孔内,常导致免疫状态不太均衡。

(5)翼下刺种法。

接种部位:家禽翅膀内侧翼膜三角区无血管部位。

操作方法:左手拎住鸡翅膀,右手拿刺种针,蘸取已稀释好的疫苗溶液,从翅膀内侧翼膜三角区无血管处刺针,小鸡刺种1针,较大鸡可刺种2针。

注意事项:蘸取疫苗时,针槽要没入液体中;刺种方向是从翅膀内侧向外侧方向,穿透翅膀内翼膜;刺种针上若有羽毛要及时清除,以保证免疫剂量;勿用不适合的针接种;免疫后7~10 d检查刺种部位是否形成结节。

应用:翼下刺种法免疫剂量确定,针对性强,适用于鸡痘等疫苗的接种,但操作要求准确,工作量较大。

4.免疫反应的处理

因个体差异,个别动物在免疫接种后可能出现不同程度的接种反应,多数情况下不需要特殊治疗,1~2 d即可恢复正常。少数情况下,动物可能出现急性过敏性反应,表现为呼吸加快,可视黏膜充血、水肿,肌肉震颤,口吐白沫,倒地抽搐等,可迅速采取下列措施抢救。

(1)皮下注射0.1%盐酸肾上腺素(规格5 mL∶5 mg),马和牛 2~5 mg/次;羊和猪0.2~1.0 mg/次;犬0.1~0.5 mg/次;视病情缓解,20 min后可以相同剂量重复注射。

(2)肌注盐酸异丙嗪,牛500 mg,猪100 mg,羊100 mg。

(3)肌注地塞米松磷酸钠,牛30 mg,猪10 mg,羊10 mg(孕畜不用)。

5.免疫接种效果评价

免疫接种后,应实时监测免疫效果,通常通过免疫抗体合格率评价免疫效果。

免疫抗体合格率=免疫抗体合格的动物数/免疫接种总动物数量×100%

免疫合格率越高越好，一般情况下，当免疫抗体合格率≥70%，可认为免疫合格。

【注意事项】

1.因饮水免疫和气雾免疫等疫苗损失较大，因此采用此方法接种时，疫苗的用量应为正常用量的1.5~2倍。

2.动物免疫接种后，应有较好的护理和管理条件，同时注意观察是否有应激反应，如有不良反应，要及时救治，反应严重者，可予以屠宰。

3.免疫接种后，应适时开展免疫监测，了解免疫效果，根据情况及时调整免疫程序。

4.在进行免疫接种时，工作人员应做好个人防护，根据具体情况可穿防护服，戴防护面罩，穿胶靴等，如有不适，及时就医。

5.免疫接种用过的酒精棉球、干棉球等应收集在专用容器内，用过的疫苗瓶、一次性注射器等也要统一收集，集中进行消毒、焚烧或深埋处理。未用完的弱毒活疫苗和空瓶必须煮沸消毒后再进行无害化处理，禁止随意丢弃。

【思考题】

1.动物免疫接种的基本步骤有哪些?

2.动物免疫接种的方法有哪些?它们的优缺点分别是什么?

3.免疫接种失败的原因有哪些?

【参考文献】

1.陈溥言.兽医传染病学实验指导[M].北京:中国农业出版社,2016.

2.郑明球.家畜传染病学实验指导(第3版)[M].北京:中国农业出版社,1999.

3.李志,杜淑清.新编动物疫病免疫技术手册[M].北京:中国农业出版社,2014.

实验4

鸡沙门菌病的实验室诊断及种鸡检疫

鸡沙门菌(也称为鸡伤寒沙门菌)和鸡白痢沙门菌是鸡沙门菌病的主要致病菌,依据我国农业行业标准《鸡伤寒和鸡白痢诊断技术》(NY/T 536-2017)和《禽沙门氏菌病诊断技术》(NY/T 2838-2015)规定:病原学、血清学和分子生物学等实验室诊断方法可用于各种日龄鸡的沙门菌和白痢沙门菌感染的诊断。其中,病原的分离培养、血清型鉴定、生化实验和PCR检测等适用于鸡沙门菌和鸡白痢沙门菌的鉴别;各类凝集试验(包括平板凝集试验、试管凝集试验和微量凝集试验等)则适用于成年鸡的鸡沙门菌和鸡白痢沙门菌抗体的检测。

本实验主要介绍鸡沙门菌和鸡白痢沙门菌的分离培养、生化试验、PCR检测及凝集试验等。

【实验目的】

掌握鸡沙门菌和鸡白痢沙门菌的分离培养、生化试验、PCR检测及凝集试验的操作技术及结果判定标准。

细菌的分离培养

【实验材料】

1.实验试剂

四硫磺酸钠煌绿增菌培养基、亚硒酸盐煌绿增菌培养基、SS琼脂、麦康凯琼脂、受检样品等。

2.实验器材

灭菌锅、冰箱、恒温培养箱、匀质器、振荡器、电子天平、无菌锥形瓶、无菌吸管、无菌培养皿、无菌试管微量移液器、灭菌吸头等。

【实验方法】

1.无菌采集被检病/死鸡的肝、胆囊、脾、肺、卵巢等脏器，每种组织取5～10 g，破碎匀质后进行病原菌分离培养。

2.将匀质的病料分别接种于四硫磺酸钠煌绿增菌培养基或亚硒酸盐煌绿增菌培养基上并划线到SS琼脂平板或麦康凯琼脂平板上，于37 ℃条件下培养24～48 h。

3.若SS琼脂平板或麦康凯琼脂平板上出现细小无色透明或半透明、圆形的光滑菌落，则可判为可疑菌落。

4.若在鉴别培养基上无可疑菌落出现，可从增菌培养基中取菌液在鉴别培养基上划线分离，于37 ℃条件下培养24～48 h。

5.若有可疑菌落出现，则进一步做鉴定。

【结果判定】

各种平板上的沙门菌的菌落特征如表1-4-1。当怀疑为沙门菌时，尚需进行生化试验鉴定、PCR鉴定及血清型鉴定等。

表1-4-1　各种培养基平板上沙门菌的菌落特征

培养基种类	沙门菌的菌落特征
普通营养琼脂	光滑型菌落，一般呈无色，透明或半透明，圆形、光滑、较扁平的菌落，鸡沙门菌、鸡白痢菌等菌落细小、生长贫瘠
麦康凯琼脂	菌落呈无色至浅橙色，透明或半透明，菌落中心有时为暗色，鸡白痢沙门菌比其他沙门菌小
SS琼脂	无色至灰白色，半透明或不透明，菌落中心有时带黑色

生化试验鉴定——生化试验和运动性检查

【实验材料】

1.实验试剂

三糖铁琼脂、半固体琼脂培养基等。

2. 实验器材

超净工作台、酒精灯、接种针(环)、玻璃试管、试管架、移液器、灭菌吸头、温箱等。

【实验方法】

将可疑菌落穿刺接种于三糖铁琼脂斜面上,并在斜面上划线,同时接种半固体培养基,37 ℃条件下培养24 h后观察。

【结果判定】

三糖铁琼脂典型阳性反应为斜面产碱、变红,底层产酸、变黄;部分菌株斜面和底层均产酸、变黄。半固体琼脂阳性反应为穿刺呈毛刷状(即表明有运动性)。若有运动性,则说明不是鸡沙门菌或鸡白痢沙门菌感染。若无运动性,且在三糖铁琼脂上出现阳性反应时,则需做进一步鉴定。

生化试验鉴定——鸡沙门菌和鸡白痢沙门菌初步鉴别生化试验

【实验材料】

1. 实验试剂

鸟氨酸脱羧酶试验小管、卫茅醇试验小管、葡萄糖(产气)小管等。

2. 实验器材

接种环、生化实验小管、恒温培养箱等。

【实验方法】

将鉴定为鸡沙门菌或鸡白痢沙门菌的菌株接种于鸟氨酸脱羧酶、卫茅醇和葡萄糖(产气)生化小管中,37 ℃条件下培养24 h后观察。

【结果判定】

鸟氨酸脱羧酶和葡萄糖(产气)为阴性,卫茅醇为阳性的为鸡沙门菌;鸟氨酸脱羧酶和葡萄糖(产气)为阳性,卫茅醇为阴性的为鸡白痢沙门菌。

鸡沙门菌和鸡白痢沙门菌PCR鉴别

【实验材料】

1.实验试剂

10×PCR Buffer、2对引物混合液(表1-4-2)、超纯水、Taq酶、dNTPs、1×TBE缓冲液、琼脂糖、GoldView核酸染料、溴酚蓝缓冲液、DL 2000 DNA Marker、灭菌生理盐水、阳性对照(已鉴定的鸡沙门菌和鸡白痢沙门菌)、阴性对照等。

表1-4-2 鸡沙门菌和鸡白痢沙门菌鉴别PCR引物序列(引自NY/T 536-2017)

检测目的基因	引物序列(5'-3')	扩增大小/bp
glgC	glgC上游引物:GATCTGCTGCCAGCTCAA	174
	glgC下游引物:GCGCCCTTTTCAAAACATA	
speC	speC上游引物:CGGTGTACTGCCCGCTAT	252
	speC下游引物:CTGGGCATTGACGCAAA	

2.实验器材

离心机、灭菌吸头、离心管、PCR反应管、PCR扩增仪、电泳仪、凝胶成像系统、微量移液器等。

【实验方法】

1.DNA的提取

从培养平板上挑取单个菌落,加入100 μL无菌超纯水中,煮沸10 min,冰浴5 min,12000 r/min离心1 min,取上清液作为DNA模板用于PCR扩增。

2.PCR扩增检测

(1)配置50 μL PCR反应体系。

按表1-4-3在PCR反应管中依次加入无菌超纯水、10×PCR Buffer、dNTPs、引物、Taq酶和DNA模板。充分混匀后,瞬时离心,确保所有反应成分混匀并集于管底。

表1-4-3 鸡沙门菌和鸡白痢沙门菌鉴别PCR反应体系(引自NY/T 536-2017)

组分	体积/μL
无菌超纯水	34.75
10×PCR Buffer(含Mg^{2+})	5
dNTPs(2.5 mmol/L)	4

续表

组分	体积/μL
glgC上游引物(10 μmol/L)	1
glgC下游引物(10 μmol/L)	1
speC上游引物(10 μmol/L)	1
speC下游引物(10 μmol/L)	1
Taq酶(5 U/μL)	0.25
DNA模板	2

(2)设置PCR对照。

设阴性对照(不含DNA的反应体系)和阳性对照(鸡沙门菌和鸡白痢沙门菌菌株DNA)。

(3)PCR扩增。

PCR扩增程序:95 ℃预变性5 min;然后进行30个循环扩增(95 ℃变性30 s,56 ℃退火30 s,72 ℃延伸30 s),最后72 ℃延伸5 min,于4 ℃条件下保存PCR产物。

(4)PCR产物检测。

用1×TBE缓冲液配制2 %琼脂糖凝胶(含0.005 % GoldView核酸染料),取PCR产物6~10 μL与适量的溴酚蓝缓冲液混合,使用DL 2000 DNA Marker,加样,120 V稳压电泳1 h,凝胶成像系统观察扩增产物条带大小,照相保存。

【结果判定】

阳性对照扩增出约174 bp和252 bp的片段,阴性对照未扩增出片段,试验成立。在试验成立的条件下,若被检样品扩增出约174 bp和252 bp的片段,判断为鸡沙门菌;若被检样品只扩增出约252 bp的片段,判定为鸡白痢沙门菌。

凝集试验——全血平板凝集试验

【实验材料】

1.实验试剂

鸡白痢和鸡伤寒多价平板凝集抗原(甲醛灭活、结晶紫染色,可参照NY/T 2838-2015的附录B1 自行制备鸡白痢/鸡伤寒多价染色抗原),强阳性血清(500 IU/mL),弱阳性血清(500 IU/mL),阴性血清,待检血清,生理盐水等。

2. 实验器材

玻璃板、吸管、移液器、金属丝环（内径 7.5 ~ 8.0 mm）、反应盒、酒精灯、针头、消毒盘、酒精棉等。

【实验方法】

在 20 ~ 25 ℃条件下，用吸管吸取抗原，垂直滴 1 滴（约 0.05 mL）于玻璃板上，然后用消毒的针头刺破鸡的翅静脉或冠尖，取血 0.05 mL（相当于内径 7.5 ~ 8.0 mm 金属丝环的两满环血液），与抗原混合均匀，并使其散开至直径约为 2 cm，计时判定结果。同时，设强阳性血清、弱阳性血清和阴性血清作为对照。

本试验也可用受检血清代替受检全血，特异性更强，待检血清样品的采集方法为：使用一次性注射器对鸡翅静脉采血 1 ~ 2 mL，斜放凝固析出血清，分离血清，置于 4 ℃条件下待检。血清凝集试验的结果判定与全血凝集试验相同。

【结果判定】

凝集试验判定标准如下：

100 %凝集（++++）：紫色凝集块大而明显，反应液清亮；

75 %凝集（+++）：紫色凝集块较为明显，反应液有轻度浑浊；

50 %凝集（++）：出现明显的紫色凝集颗粒，反应液较为浑浊；

25 %凝集（+）：仅出现少量的细小颗粒，反应液浑浊；

0 %凝集（-）：无凝集颗粒出现，反应液浑浊。

在 2 min 内，抗原与强阳性血清应呈 100 %凝集（++++），弱阳性血清应呈 50 %凝集（++），阴性血清不凝集（-），则判试验有效。

在 2 min 内，被检全血与抗原出现 50 %（++）以上凝集者为阳性，不发生凝集则为阴性，介于两者之间为可疑反应。将可疑鸡隔离饲养 1 个月后，再做检测，若仍为可疑反应，按阳性判断。

凝集试验——试管凝集试验

【实验材料】

1. 实验试剂

鸡白痢/鸡伤寒多价凝集抗原（可参照 NY/T 2838-2015 的附录 B1 自行制备鸡白痢/鸡

伤寒多价染色抗原)、阳性血清、阴性血清、生理盐水、受检血清等。

2. 实验器材

玻璃试管(三分管)、试管架、移液器、灭菌吸头、温箱等。

【实验方法】

依次摆放3支试管于试管架上,吸取2 mL多价抗原置于第1管,再各吸取1 mL置于第2和第3管。先吸取80 μL被检血清注入第1管,充分混匀后再吸取1 mL移入第2管,充分混匀后再吸取1 mL移入第3管,混合后吸出1 mL舍弃。最后,振摇试管数次,充分混合抗原和血清,37 ℃温箱孵育18~24 h,观察结果。试验过程中,需同时设阳性和阴性血清对照。

【结果判定】

当阳性血清对照呈现阳性结果,而阴性血清对照呈现阴性结果,则检测试验成立。试管1、试管2、试管3的血清稀释倍数依次分别为1∶25、1∶50和1∶100,凝集呈阳性者,抗原显著凝集于管底,上清液透明;凝集呈阴性者,试管呈现均匀浑浊;可疑者,介于两者之间。鸡1∶50以上凝集者为阳性,火鸡1∶25以上凝集者为阳性。

凝集试验——微量凝集试验

【实验材料】

1. 实验试剂

鸡白痢/鸡伤寒多价凝集抗原、阳性血清、阴性血清、生理盐水、受检血清等。

2. 实验器材

96孔U形聚苯乙烯板、微量移液器、灭菌吸头、塑料薄膜、湿盒、振荡器、稀释用器皿、温箱等。

【实验方法】

使用一次性96孔U形反应板,每列为1份样本,1板可同时检测12份样本。用12道可调微量移液器在A行各孔中加入90 μL生理盐水,其余各孔加入50 μL。用单道微量移液器,将样本10 μL分别加入A行各孔中。将12道移液器调至50 μL,从A行开始,同时将12份血清样本倍比稀释到H行，最后50 μL去掉。每孔中加入50 μL沙门菌凝集抗原，轻轻振荡混匀后，加盖板，放入温箱。将反应板封好，置于37 ℃条件下培养18 ~ 24 h，同时设阳性和阴性血清对照。最终稀释度从A行到H行为1∶20 ~ 1∶2560。

【结果判定】

如果阳性血清对照呈现阳性结果，而阴性血清对照呈现阴性结果，则检测试验成立。阳性反应会出现明显的絮状沉淀，上清液清亮；而阴性反应则呈现纽扣状沉淀、滴度为1∶40通常被认为是阳性，但火鸡血清常出现假阳性反应。

【注意事项】

1. 不同检测方法对鸡沙门菌病检疫结果一致性之间存在一定差异，目前没有一种方法能完全满足本病检疫的所有需要，在临床实践中需按照国家或行业标准在鸡沙门菌病初筛基础上，进一步进行确证。

2. 采用凝集试验检测血清抗体时，不能区分是鸡沙门菌还是鸡白痢沙门菌感染抗体。对于种鸡来说，鸡沙门菌和鸡白痢沙门菌均是需要净化的，不管血清学还是细菌学检测，任何一种结果为阳性，均需要淘汰。

3. 平板凝集试验适用于产蛋母鸡和1年以上的公鸡幼龄鸡。此外，现场检疫时要注意尽可能减少空气流动和鸡群骚动，以免灰尘、异物等造成非特异性凝集现象。

【思考题】

1. 鸡沙门菌病的诊断方法有哪几种？它们的优缺点分别是什么？

2. 某地疑似发生一起因沙门菌感染引发的家禽病死案例，应如何进行确诊？

【参考文献】

1. 中华人民共和国农业部. 鸡伤寒和鸡白痢诊断技术NY/T 536-2017[S]. 北京：中国农业出版社出版，2017.

2. 中华人民共和国农业部. 禽沙门氏菌病诊断技术NY/T 2838-2015[S]. 北京：中国农业出版社出版，2015.

3. 陈溥言. 兽医传染病学实验指导[M]. 北京：中国农业出版社，2016.

4. 陆承平，刘永杰. 兽医微生物学（第6版）[M]. 北京：中国农业出版社，2021.

实验5

副猪嗜血杆菌病的病原学诊断

副猪嗜血杆菌病也称猪多发性浆膜炎、关节炎或革拉斯病，是由副猪嗜血杆菌引起的猪的一种具有多种临床表现的传染病，以体温高、呼吸困难、关节肿大和运动障碍等为特征。依据我国国家标准《副猪嗜血杆菌检测方法》(GB/T 34750-2017)和出入境检疫行业标准《副猪嗜血杆菌病检疫技术规范》(SN/T 4230-2015)，副猪嗜血杆菌病的病原检测方法包括副猪嗜血杆菌的分离与鉴定、PCR检测、间接酶联免疫吸附试验(I-ELISA)和实时荧光定量PCR检测，本实验主要介绍上述四种实验方法，其中PCR检测和I-ELISA参照SN/T 4230-2015执行，实时荧光定量PCR检测参照GB/T 34750-2017执行。

【实验目的】

掌握副猪嗜血杆菌分离培养鉴定及PCR检测方法。

病原分离与鉴定

【实验材料】

1. 实验试剂

胰蛋白大豆琼脂(TSA)、胰蛋白大豆肉汤(TSB)、巧克力琼脂平板、鲜血琼脂平板、烟酰胺腺嘌呤二核苷酸(NAD)储备液(1 g NAD溶于100 mL蒸馏水，0.22 μm微孔滤膜过滤，-20 ℃保存)、无菌脱纤绵羊血、菌犊牛血清、革兰染液、生化用培养基、API NH鉴定条或类似产品等。

2. 实验器材

生物安全柜、恒温培养箱、二氧化碳培养箱、生物显微镜、全自动微生物鉴定仪、灭菌培养皿、灭菌棉拭子等。

【实验方法】

1. 采集病料

无菌采集病料，病料可包括呼吸道分泌物或具有病变特征的肺脏、肝脏、脾脏、胸膜、胸腹腔渗出浆液、心包积液、关节液、脑组织和抗凝血等。采集样品应保存在2 ~ 8 ℃条件下，24 h以内送到实验室待检。

2. 细菌分离培养

无菌操作从疑似病猪的肺脏、胸腔积液、心血、关节液、鼻腔分泌物和脑组织等病料中取样，在含NAD的巧克力琼脂平板或TSA琼脂平板上分别划线接种，于37 ℃条件下培养24 ~ 48 h，观察菌落情况。

3. 细菌纯化

挑选在巧克力琼脂或TSA琼脂培养基中大小如针尖(直径为0.5 ~ 2mm)、圆形、隆起、光滑湿润、无色透明(培养时间延长则呈灰白色)、边缘整齐的小菌落，在TSA琼脂培养基中划线接种，于37 ℃条件下培养24 ~ 48 h，观察纯培养菌特点。

4. 革兰染色

将典型菌落制备涂片，火焰固定。结晶紫染色1 min，水洗；革兰碘液染色1 min，水洗；95%酒精脱色30 s，水洗；沙黄复染30 s，水洗；之后干燥，在油镜(100×)下镜检。

5. "卫星生长现象"试验

无菌挑起分离菌纯培养物单个菌落，平行划线于无NAD的绵羊鲜血平板上，再挑取金黄色葡萄球菌垂直于水平线划线，37 °C条件下培养24~48 h后，观察菌落生长情况。

6. 增殖培养

无菌挑取具有"卫星生长现象"且不溶血的单菌落在TSA固体培养基上进行再次纯培养后，挑取单个菌落接种于5 mL TSB液体培养基中，37 °C条件下培养24~48 h后，液体变混浊，判为增殖培养成功。

7. 生化试验

将可疑单菌落接种于葡萄糖、半乳糖、甘露醇、木糖等微量生化管中，37 ℃培养24 ~ 48 h；或用等效的API NH鉴定条等进行细菌生化鉴定。副猪嗜血杆菌的主要生化特征见表1-5-1。

表 1-5-1 副猪嗜血杆菌主要生化反应特征

项目	生化特性	项目	生化特性
V因子依赖	+	*L*-阿拉伯糖	-
溶血性	-	甘露醇	-
过氧化氢酶	+	蔗糖	+
氧化酶	-	木糖	-
尿素酶	-	半乳糖	+
鸟氨酸脱羧酶	-	果糖	+
靛基质	-	山梨醇	-
葡萄糖产酸	+	麦芽糖	+

注:"+"表示阳性,"-"表示阴性。

【结果判定】

1. 如果分离菌染色结果为革兰阴性,呈短小杆菌或呈球形、短链或丝状等多种不同形态,大小为0.5 μm×1.5 μm ~ 0.5 μm×2.0 μm。"卫星现象"试验结果:分离菌在葡萄球菌菌苔附近有较大的菌落生长,而远离葡萄球菌的分离菌菌落较小,同时分离菌无溶血现象,则判定为副猪嗜血杆菌阳性。

2. 生化试验结果与副猪嗜血杆菌生化特性完全符合时,判定为副猪嗜血杆菌细菌培养阳性;否则,判定为副猪嗜血杆菌培养阴性。

副猪嗜血杆菌聚合酶链式反应(PCR)检测

【实验材料】

1. 实验试剂

电泳级琼脂糖,Taq DNA聚合酶,100 bp DNA ladder Marker,10×Taq缓冲液,dNTP混合物(脱氧腺苷三磷酸、脱氧胸苷三磷酸、脱氧鸟苷三磷酸),上游引物,下游引物,50×TAE电泳缓冲液,6×加样缓冲液,溴化乙锭溶液或GoldView等其他核酸染液,阳性对照(副猪嗜血杆菌标准菌株的DNA),阴性对照(猪胸膜肺炎放线杆菌标准菌株或其他非副猪嗜血杆菌的DNA)。

2. 实验器材

微量加样器、高速冷冻离心机、PCR仪、水平凝胶电泳槽、电泳仪、凝胶成像系统等。

【实验方法】

1.DNA的提取

从琼脂平板上挑取副猪嗜血杆菌可疑单菌落接种到5 mL TSB培养液中，置于37 ℃摇床中，160 r/min振荡培养约12 h，取1.5 mL加至无菌小离心管中，12000 r/min离心5 min，弃去上清液，再用25 μL灭菌水重悬沉淀，于沸水中作用5 min，然后于冰浴中冷却至4 ℃左右，12000 r/min离心10 min，取上清液作为PCR反应模板。或者用商品化等效DNA提取试剂盒进行提取。

2.PCR扩增

PCR扩增的目的片段为副猪嗜血杆菌16S rDNA序列的一段，其上游引物HPS-F:5'-GTGATGAGGAAGGGTGGTGT-3'；下游引物HPS-R:5'-GGCTTCGTCACCCTCTGT-3'。

(1)PCR反应体系。

PCR反应体系的配制按照表1-5-2进行。同时设立阳性对照、阴性对照和空白对照，用副猪嗜血杆菌标准菌株的模板DNA作为阳性对照，用猪胸膜肺炎放线杆菌标准菌株的模板DNA作为阴性对照，用水作为空白对照。

表1-5-2 PCR反应体系

名称	体积(1个反应)/μL
10×Taq缓冲液	5
dNTP混合物(各2.5 mmol/L)	4
引物HPS-F(25 pmol/μL)	1
引物HPS-R(25 pmol/μL)	1
Taq DNA聚合酶(5 U/μL)	0.5
灭菌水	33.5
模板DNA	5

(2)PCR扩增。

循环条件为：95 ℃预变性5 min；之后95 ℃变性30 s，56～60 ℃退火60 s，72 ℃延伸90 s，共35个循环；最后72 ℃延伸10 min，4 ℃条件下保存。

3.PCR产物检测

取1.5 g琼脂糖，加入100 mL电泳缓冲液加热熔解，加入溴化乙锭至终浓度为1 μg/mL，制胶，待胶凝固后加入PCR扩增产物进行电泳，并用DNA ladder Marker作对照。电泳完毕后用凝胶成像系统观察、记录结果。

【结果判定】

如果阴性对照和空白对照未扩增出目的片段，阳性对照扩增出大小为822 bp的清晰条带，则试验成立。被检样品扩增出大小为822 bp的条带，判定为副猪嗜血杆菌阳性；被检样品未扩增出大小为822 bp的条带，判定为副猪嗜血杆菌阴性。

间接酶联免疫吸附试验（I-ELISA）

【实验材料】

1.实验试剂

副猪嗜血杆菌标准株、副猪嗜血杆菌阳性血清、副猪嗜血杆菌阴性血清、辣根过氧化物酶标记的兔抗猪IgG、牛血清白蛋白（BSA）、邻苯二胺（OPD）、包被液、洗涤液、封闭液、底物溶液、终止液、0.1 mol/L pH7.4的PBS缓冲液等。

2.实验器材

酶标仪、空白酶标板等。

【实验方法】

1.制备包被抗原

挑取副猪嗜血杆菌标准株单菌落接种于50 mL TSB液体培养基上，于摇床中振荡培养（37 ℃，160 r/min）约12 h，将菌液转入离心管中，6000 r/min离心10 min，弃上清液，加0.1 mol/L pH7.4的PBS缓冲液重悬沉淀，6000 r/min离心10 min，收集菌体沉淀。按上述方法反复用0.1 mol/L pH7.4的PBS缓冲液清洗3次。用PBS缓冲液按菌体体积比1∶10重悬，在冰浴中进行超声波破碎（时间20 min，振幅20%，超声3 s停3 s）。然后用紫外吸收法测定蛋白含量，确定其浓度，于−20 ℃条件下保存备用。

2.抗原包被

将制备的裂解抗原用包被液稀释至40 μg/mL，按每孔100 μL加入酶标板各孔中，置于湿盒中，于37 ℃条件下孵育2 h后，转入4 ℃条件下包被过夜。

3.洗涤

甩净孔内抗原溶液，用洗涤液PBST加满各孔，放置3 min，然后甩净液体，并在洁净的吸水纸上拍干，如此重复3次。

4.封闭

每孔加入100 μL 1% BSA封闭液，于37 ℃条件下孵育1 h，按步骤3的方法洗涤3次。

5.加待检血清

用封闭液按1∶200稀释待检血清，按每孔50 μL加入酶标板。同时设立标准阴性血清对照孔2个、阳性血清对照孔和空白对照孔各1个，于37 ℃条件下孵育1 h，按步骤3的方法洗涤3次。

6.加酶标二抗

将兔抗猪IgG辣根过氧化物酶结合物按1∶15000稀释，按每孔50 μL加入酶标板，于37 ℃条件下作用1 h，按步骤3的方法洗涤3次。

7.显色

每孔加入现配的OPD底物显色液100 μL，37 ℃条件下避光显色15 min。

8.终止及读数

按每孔50 μL加入2 mol/L H_2SO_4终止液，然后在酶标仪上490 nm处读取OD值。

【结果判定】

将样品的OD值代入公式计算：

$$S/N=\frac{\text{被检血清样品OD值}}{\text{阴性对照平均OD值}}$$

其中：S表示被检血清样品OD值；N表示阴性对照平均OD值。若S/N≥2.5，则结果判定为副猪嗜血杆菌抗体阳性；否则，判定为副猪嗜血杆菌抗体阴性。

副猪嗜血杆菌实时荧光定量PCR检测

【实验材料】

1.实验试剂

酚-氯仿（三氯甲烷）-异戊醇混合液（25∶24∶1）、异丙醇、75%乙醇、引物及探针（表1-5-3）、阳性对照（灭活的副猪嗜血杆菌标准菌株）、阴性对照（灭菌的TSB培养基）等。

表1-5-3 副猪嗜血杆菌实时荧光PCR扩增用上、下游引物及探针序列(引自GB/T 34750-2017)

引物名称	浓度(μmol/L)	引物序列	扩增片段
荧光定量PCR上游引物FQ-P1	20	5'-AGCAGCCGCGGTAATACG-3'	P1/P2引物对扩增片段58 bp
荧光定量PCR下游引物FQ-P1	20	5'-CCTTTACGCCCAGTCATTCC-3'	
荧光定量PCRMGB探针	10	FAM-5'- AGGGTGCGAGCGT-3'-MGB	

2.实验器材

荧光定量PCR仪、微型瞬时离心机、0.2 mL八联管、微量加样器、高速冷冻离心机等。

【实验方法】

1.样本的采集和处理

方法同实验1"病料采集"部分。

2.样品DNA的制备

(1)在1.5 mL无菌离心管中分别加入待测样品(组织需加灭菌生理盐水研磨成悬液、胸腹腔积液、纯化菌培养物等)、阴性对照、阳性对照各100 μL,再加入500 μL消化液I[Tris- HCl(pH 8.0)终浓度10 mmol/L,EDTA(pH 8.0)终浓度25 mmol/L,SDS终浓度200 μg/mL,NaCl终浓度100 mmol/L)和10 μL消化液II(100 mg蛋白酶K溶于5 mL灭菌水中),吸头反复吸打混匀。置于55 °C水浴中30 min~1 h。

(2)分别加入500 μL酚-氯仿-异戊醇混合液(25:24:1),混匀,于4 °C条件下12000 r/min离心10 min。

(3)将离心后的上清液转移至新的1.5 mL离心管中(注意不要碰到中间层),加入等体积-20 °C预冷的异丙醇,混匀,室温下放置15 min。

(4)4 °C条件下12000 r/min离心15 min,轻轻倒去上清液,倒置于吸水纸上,吸干液体,不同样品应在吸水纸不同地方吸干。加入700 μL75%乙醇,轻轻混匀。

(5)4 °C条件下12000 r/min离心5 min,轻轻倒去上清液,倒置于吸水纸上,吸干液体,不同样品应在吸水纸不同地方吸干。

(6)4°C条件下12000 r/min离心30 s,将管壁上的残余液体甩到管底部,用微量加样器尽量将其吸干,一份样品换用一个吸头,吸头不要碰到有沉淀的一面,室温下干燥10 min。

(7)加入 10 μL TE缓冲液,轻轻混匀,溶解DNA,2000 r/min离心5 s,置于−20 ℃条件下冻存备用。

注:样品DNA的制备除了可采用上述提取方法外,还可采用商品化的试剂盒提取。

3. 实时荧光PCR扩增

(1)配制与待测样本(含阴性和阳性对照)数量相同的实时荧光PCR反应体系,向每管中加入相应样本的DNA。

(2)将加样后的实时荧光PCR反应管放入实时荧光定量PCR仪内并记录样本摆放顺序。

(3)反应参数设置:第一阶段,预变性94 ℃/5 min;第二阶段,94 ℃/30 s,60 ℃/30 s,40个循环,在每个循环的延伸结束时进行荧光信号收集,荧光模式设为FAM/NONE双标记模式。

【质控标准】

1. 阳性对照的*Ct*值应≤29.0,且出现特定的扩增曲线。

2. 阴性对照的检测结果应无特定的扩增曲线,且*Ct*值>32.0或无。

【结果判定】

1. 样品*Ct*值≤29.0,而且出现特定的扩增曲线,则判定为阳性。

2. 样品*Ct*值>32.0或无,并且无特定的扩增曲线,则判定为阴性。

3. 29.0<样品*Ct*值≤32,且有扩增曲线,判为可疑,需重复检测。如重复后仍为可疑,判为阳性;否则,判为阴性。

【注意事项】

1. 副猪嗜血杆菌分离比较困难,一般选取临床症状典型且未使用抗生素治疗的病猪采取病料,重点采集心包、心血、关节、脑脊髓液等部位分离细菌。

2. 本实验中利用酚-氯仿-异戊醇提取的病料样本或分离菌DNA均可用于常规PCR和荧光定量PCR检测,此外,酚-氯仿-异戊醇具有一定毒性,使用时应注意自身防护。

【思考题】

1. 简述副猪嗜血杆菌的培养特性及鉴定要点。

2.简述应用间接酶联免疫吸附试验检测抗体以诊断副猪嗜血杆菌感染的前提及注意事项。

【参考文献】

1.中华人民共和国国家质量监督检验检疫总局.副猪嗜血杆菌病检疫技术规范SN/T4230-2015[S].北京:中国标准出版社,2015.

2.中华人民共和国国家质量监督检验检疫总局,中国国家标准化管理委员会.副猪嗜血杆菌检测方法GB/T 34750-2017[S].北京:中国标准出版社,2017.

3.陈溥言.兽医传染病学实验指导[M].北京:中国农业出版社,2016.

实验6

结核病的检疫

动物结核病是由分枝杆菌属细菌(牛分枝杆菌、结合分枝杆菌和禽分枝杆菌)引起的一种慢性、人兽共患性传染病,严重威胁人类健康并影响畜牧业发展。牛结核病是国家二类动物疫病,也是《国家中长期动物疫病防治规划(2012—2020年)》中16种优先防治的国内动物疫病之一。我国现行的国家标准《动物结核病诊断技术》(GB/T 18645-2020)规定了动物结核病的诊断方法包括细菌学检查、皮内变态反应、PCR和γ-干扰素(IFN-γ)体外检测等。其中,细菌学检查方法是该病检疫、诊断的金标准之一,但因需要特殊防护设施的实验室和设备,在一般实验室不宜开展。结核菌素试验仍是目前诊断结核病最具现实可操作性的方法,此外,新的通用成熟技术(如PCR、体外检测IFN-γ等)已被采用和推广。因此,本实验主要介绍动物结核病结核菌素(PPD)皮内变态反应、PCR和IFN-γ体外检测等检疫方法。

【实验目的】

掌握PPD皮内变态反应、PCR和INF-γ体外检测诊断结核分枝杆菌感染的操作方法和结果判定标准。

PPD皮内变态反应试验

【实验材料】

1.实验试剂

(1)牛型PPD(PPD-B)。

用灭菌生理盐水或稀释用水将原液稀释至20000 IU/mL(使用浓度)。PPD冻干粉稀释:在无菌状态下吸取灭菌生理盐水或稀释用水,注入冻干粉玻璃瓶中,充分摇匀后使用，现配现用。

（2）禽型PPD（PPD-A）。

配制方法同PPD-B，使用浓度为25000 IU/mL。

2. 实验器材

剃毛器或毛剪、一次性无菌注射器（0.5 mm×10 mm）或其他适用的商品化注射器、针头、游标卡尺、酒精棉、工作服、帽、口罩、胶鞋、记录表、手套等。

【实验方法】

1. 牛分枝杆菌PPD皮内变态反应

出生后20 d的牛即可用本试验进行牛结核的检疫，可单独采用PPD-B，也可同时采用PPD-B和PPD-A进行试验。皮内变态反应检测具体操作步骤如下。

（1）确定注射部位。

将牛只进行编号，采用颈侧中部上1/3处或尾根部为注射部位，3个月以内的犊牛也可在肩胛部进行。

（2）术前处理。

对注射部位剪毛（直径约10 cm），以游标卡尺测量术部中央皮皱厚度，做好记录。注意注射部位应无明显的病变。

（3）注射PPD。

如同时采用PPD-B和PPD-A进行试验，两者的注射部位应间隔开，在颈部同侧、肩胛部同侧应间隔12~15 cm，或在不同侧进行。尾根部采用不同侧（左侧或右侧）无毛的褶皱部进行注射。先用75 %酒精消毒注射部位，在皮内注入0.1 mL稀释好的PPD-B或PPD-A。

（4）观察反应。

皮内注射后72 h后进行判定。仔细观察局部有无热痛、肿胀等炎性反应，并以卡尺测量皮皱厚度，做好详细记录。

（5）疑似反应牛应立即在另一侧以同一批PPD同一剂量进行第二回皮内注射，再经72 h后观察反应结果。

【结果判定】

（1）PPD-B单皮内变态反应（包括颈部注射和尾根部注射）。

①颈部注射。注射部位前后出现明显的炎性反应，皮皱厚差值≥4 mm，判为阳性；无

明显炎性反应，且2 mm＜皮皱厚差值＜4 mm，判为可疑；无明显炎性反应，2 mm≤皮皱厚差值，判为阴性。对于已确认感染的牛群，皮试出现任何可触摸或可见的肿胀反应均判为阳性。

②尾根部注射。出现可触摸或可见的炎性反应（当出现两侧褶皱部时，注射一侧的褶皱部与对侧的褶皱部厚度差达4 mm及以上；当仅出现一侧褶皱部时，其尾褶厚度达8 mm及以上）判为阳性。未出现可触摸或可见的炎性反应判为阴性。

（2）PPD-B和禽型PPD-A比较皮内变态反应。

注射PPD-B部位的皮皱厚差值大于注射PPD-A部位的皮皱厚差值达4 mm及以上，判为阳性；注射PPD-B部位的皮皱厚差值大于注射PPD-A部位的皮皱厚差值为4 mm以下，判为可疑；注射PPD-B部位的皮皱厚值等于或小于注射PPD-A部位的皮皱厚，判为阴性。

2. 禽分枝杆菌PPD皮内变态反应

【实验方法】

家禽可在肉髯皮内注射稀释至工作浓度的PPD-A，每羽注射0.1 mL。

【结果判定】

注射24 h后观察结果。注射部位如有肿胀，出现硬结、扩展至对侧肉髯和颈部的广泛性水肿等炎性反应，判为阳性。注射部位如无肿胀等炎性反应，判为阴性。

3. 其他动物结核皮内变态反应

猪、羊和鹿等其他中大型动物的皮内变态反应试验参照牛的皮内变态反应试验进行判定。其中猪、绵羊在耳根外侧注射，山羊在肩胛部注射，鹿在颈侧中部注射。

PCR检测

【实验材料】

1. 实验试剂

商品化DNA提取试剂盒、Premix Taq Version 2.0 plus dye（2×）、灭菌双蒸水、Tris-乙酸（TAE）电泳缓冲液、1 %琼脂糖凝胶、DL2000 DNA Marker、Goldview或其他核酸染料、动物结核病中涉及的分枝杆菌PCR扩增引物及序列信息（表1-6-1）。

表1-6-1 分枝杆菌引物名称及序列(引自GB/T 18645-2020)

目标菌名称	引物名称	引物序列(5'-3')
牛分枝杆菌	MBF	上游引物:ACGCGACGACCTCATATTCC
	MBR	下游引物:CACCCAGAAGGCGAACAGAT
结核分枝杆菌	CSB1	上游引物:TTCCGAATCCCTTGTGA
	CSB3	下游引物:AGTCGCCGTGGCTTCTCTTTTA
禽分枝杆菌	DnaJ1	上游引物:GACTTCTACAAGGAGCTGGG
	DnaJ2	下游引物:GAGACCGCCTTGAATCGTTC
	IS1245-1	上游引物:GAGTTGACCGCGTTCATCG
	IS1245-2	下游引物:CGTCGAGGAAGACATACGG
	IS901-1	上游引物:GGATTGCTAACCACGTGGTG
	IS901-2	下游引物:GCGAGTTGCTTGATGAGCCG

2.实验器材

PCR仪,PCR反应管,稳压稳流电泳仪,水平电泳槽,凝胶成像仪,恒温水浴箱,烘箱,台式冷冻离心机(离心力可达15000×g),旋涡振荡器,冰箱(2~8 ℃、-20 ℃和-80 ℃),微量移液器(10 μL、100 μL和1000 μL)及配套枪头等。

【实验方法】

1.样品采集及处理

参照国家标准《动物结核病诊断技术》(GB/T 18645-2020)中的规定执行。采集的样本包括血液、奶样、痰液、组织器官和粪便等,样本经前处理后按商品化核酸提取试剂盒说明书直接进行DNA提取。

2.PCR扩增反应

(1)配制PCR反应体系(表1-6-2)。

表1-6-2 PCR反应体系

组分	1个反应体系的加入量/μL
Premix Taq Version 2.0 plus dye(2×)	12.5 μL
上游引物(10 μmol/L)	1 μL
下游引物(10 μmol/L)	1 μL
模板	1 μL
灭菌双蒸水	补至25 μL
总计	25 μL

在配制PCR反应体系加引物时，可根据需要选择牛分枝杆菌、结核分枝杆菌以及禽分枝杆菌进行PCR检测。对于牛分枝杆菌，每个PCR反应混合液中加MB上、下游引物各1 μL；对于结核分枝杆菌，每个PCR反应混合液中加CSB上、下游引物各1 μL；对于禽分枝杆菌，每个PCR反应混合液中加入DnaJ上、下游引物、IS1245上、下游引物、IS901上、下游引物各1 μL。在上述PCR反应混合液中分别加入已提取好的样品或对照核酸1 μL，充分混匀。

(2)PCR扩增。

牛分枝杆菌或结核分枝杆菌PCR反应条件：94 ℃预变性3 min；94 ℃变性20 s，60 ℃(牛分枝杆菌)或55 ℃(结核分枝杆菌)退火20 s，72 ℃延伸30 s，35个循环；最后72 ℃总延伸1 min，于4 ℃条件下保存。

禽分枝杆菌PCR反应条件：96 ℃预变性2 min；96 ℃变性10 s，58 ℃退火10 s，72 ℃延伸1 min，35个循环；最后72 ℃总延伸2 min，于4 ℃条件下保存。

(3)PCR扩增产物电泳检测。

取8 μL PCR产物，点样于1%琼脂糖凝胶，同时在胶合适位置加DL2000 DNA Marker，电泳约30 min，置于凝胶成像仪中拍照记录检测结果。

【结果判定】

1.试验成立条件

阳性对照出现与预期分子量相符的特异性扩增产物，即牛分枝杆菌PCR特异扩增产物大小为406 bp，结核分枝杆菌PCR特异扩增产物大小为263 bp，禽分枝杆菌3条特异PCR扩增产物大小分别为577 bp(IS901基因片段)、385 bp(IS1245基因片段)、140 bp(DnaJ基因片段)；阴性对照无特异性扩增片段，则试验成立。

2.结果分析及判定

在试验成立前提条件下，牛分枝杆菌或结核分枝杆菌PCR检测，样品呈现406 bp特异扩增产物，判定为待检样品牛分枝杆菌阳性；呈现出263 bp特异扩增产物，判定为待检样品结核分枝杆菌阳性；对于禽分枝杆菌PCR检测，样品同时呈现577 bp、385 bp和140 bp三条目的条带，则判定为待检样品禽分枝杆菌阳性。样品无特异扩增产物，判定为阴性。

IFN-γ体外检测法(体外IFN-γ释放试验)

【实验材料】

1. 实验试剂

PPD-B(20000 IU/mL)、PPD-A(25000 IU/mL)、无菌PBS(0.01 mol/L,pH 7.2~7.4)、鼠抗牛IFN-γ单克隆抗体1D4、100×HRP标记鼠抗牛IFN-γ单克隆抗体4B5、包被缓冲液(pH 9.6)、封闭液(含3%BSA的PBS缓冲液)、样品稀释液、酶标抗体稀释液、洗涤液、TMB底物显色溶液、终止液或等效商品化试剂。

2. 实验器材

酶标仪,96孔酶标板,二级生物安全柜,5% CO_2培养箱,混匀仪,冰箱(2~8 ℃和-15 ℃以下),电子天平,高压灭菌锅,微量移液器(10 μL、100 μL和1000 μL)及配套枪头,一次性无菌离心管(2 mL或1.5 mL),一次性肝素钠抗凝采血管,一次性注射器(5 mL、10 mL和20 mL)或一次性采血针,一次性无菌24孔细胞培养板,封板膜,吸水纸等。

【实验方法】

1. 准备样品

(1)采集血液。

用采血针或注射器无菌采集全血4 mL以上,立刻转移至肝素钠抗凝采血管中,轻轻颠倒混匀3~5次,18~25 ℃保存,30 h内送达实验室进行刺激培养。

(2)刺激培养。

将抗凝血轻轻颠倒混匀,无菌分装于24孔细胞培养板,每份血液样品分装3孔,1.5 mL/孔;分别加入0.1 mL PPD-B(工作浓度:3000 IU/mL)、PPD-A(工作浓度:2500 IU/mL)和PBS,轻轻振荡混匀,置于含5% CO_2培养箱中,于37 ℃条件下培养24 h;收集上清液,立即用于检测,或保存于-15 ℃以下备用,也可以按等效商品化试剂盒要求准备样品。

2. 包被

用样品稀释液将鼠抗牛IFN-γ单克隆抗体1D4稀释至1 μg/mL,加入ELISA酶标板进行包被,100 μL/孔,2~8 ℃孵育16 h。

3. 包被后洗涤

弃去ELISA板中的液体,加入洗涤液洗板,250 μL/孔,振荡洗涤30 s,弃去液体,重复洗涤6次,最后一次于吸水纸上轻轻拍干。

4. 封闭

加入封闭液，200 μL/孔，2~8 ℃封闭 12 h。

5. 封闭后洗涤

同步骤 3，洗涤后的单克隆抗体包被板可立即使用或用铝箔袋包装，置于 2~8 ℃条件下保存备用。

6. 加样前准备

将试剂盒中溶液（100×HRP-抗牛 IFN-γ 单抗、阳性对照和阴性对照除外）从 2~8 ℃环境中取出后恢复至室温；将 20×洗涤液恢复至室温（可在 37 ℃水浴中加热 5~10 min 使结晶溶解），然后用双蒸水做 20 倍稀释（10 mL 20×浓缩洗涤液加入 190 mL 双蒸水），充分混匀。

7. 加样

取单抗包被板（根据样品多少，可拆开分次使用），每孔先加入 50 μL 样品稀释液，再分别加入 50 μL 待检样品（包括 PPD-B、PPD-A 和 PBS 刺激样品，及阴、阳性对照），充分混匀，封板，22~26 ℃避光反应 60 min。取出反应板，弃去反应液，每孔加入 1×洗涤液 250 μL，洗涤 6 次，最后 1 次轻轻拍干。

8. 加入酶标抗体

用酶标抗体稀释液将 100×HRP-抗牛 IFN-γ 单抗 4B5（现配现用，1 mL 100×HRP-抗牛 IFN-γ 单抗 4B5 加入 99 mL 酶标抗体稀释液）进行 100 倍稀释，加入 ELISA 板，100 μL/孔，22~26 ℃避光反应 60 min。取出反应板，弃去反应液，每孔加入 250 μL 1×洗涤液，洗涤 6 次，最后 1 次轻轻拍干。

9. 显色与终止

按 100 μL/孔加入底物显色液，从加入第 1 孔即开始计时，22~26 ℃避光反应 30 min。按底物显色液加入顺序，向各孔依次加入 50 μL 终止液，轻轻混匀，10 min 内用酶标仪测定 $OD_{450\ nm}$值。

【结果判定】

1. 试验成立条件

阴性对照孔 $OD_{450\ nm}$值≤0.15，阳性对照孔 $OD_{450\ nm}$值≥1.0，则试验成立。

2. 结果判断

在试验成立的前提条件下，PPD-B、PPD-A 和 PBS 刺激样品的 $OD_{450\ nm}$值分别记作 $OD_{450\ nm}$值（PPD-B）、$OD_{450\ nm}$值（PPD-A）、$OD_{450\ nm}$值（PBS）。当 $OD_{450\ nm}$值（PPD-B）－ $OD_{450\ nm}$

值(PBS)≥0.1,且$OD_{450\ nm}$值(PPD-B)−$OD_{450\ nm}$值(PPD-A)≥0.1时,判定为待检样品牛结核病阳性;当$OD_{450\ nm}$值(PPD-B)−$OD_{450\ nm}$值(PBS)<0.1,或$OD_{450\ nm}$值(PPD-B)−$OD_{450\ nm}$值(PPD-A)<0.1时,判定为待检样品牛结核病阴性。

【注意事项】

进行牛分枝杆菌PPD皮内变态时,对阴性牛和疑似反应牛,于注射后96 h和120 h再分别观察一次,以防个别牛出现较晚的迟发型变态反应。同时对判为可疑反应的,于42 d后进行复检,若结果仍为可疑或阳性的,判为阳性。

【思考题】

1.疑似发生鹿、猪、羊结核病时,如何进行实验室确诊?

2.简述用PPD进行牛结核病检疫的操作要点和注意事项。

3.简述PCR法和IFN-γ体外检测法的优缺点。

【参考文献】

1.国家市场监督管理总局,中国国家标准化管理委员会.动物结核病诊断技术GB/T 18645-2020 [S].北京:中国标准出版社,2020.

2.陈溥言.兽医传染病学(第5版)[M].北京:中国农业出版社,2006.

实验7

布鲁氏菌病的检疫

布鲁氏菌病的检疫方法包括病原学、血清学和分子生物学等方法。依据我国国家标准《动物布鲁氏菌病诊断技术》(GB/T 18646-2018)：虎红平板凝集试验和间接酶联免疫吸附试验，适用于动物布鲁氏菌病的初筛试验；乳牛全乳环状试验，适用于泌乳母牛布鲁氏菌病的初筛试验；试管凝集试验、补体结合试验和竞争酶联免疫吸附试验适用于牛种、羊种和猪种布鲁氏菌病的血清学确诊；病原的分离培养、显微镜检查适用于布鲁氏菌病的病原学初步诊断；病原的鉴定和PCR实验，适用于动物布鲁氏菌病的病原学确诊。

由于病原的分离培养、染色镜检和生化鉴定等，耗时长且需要在BSL-3级生物安全实验室进行，故不便于推广。目前，血清学检测和PCR检测是检疫布鲁氏菌病的常用方法。本实验主要介绍虎红平板凝集试验、试管凝集试验、间接酶联免疫吸附试验和PCR实验。

【实验目的】

掌握布鲁氏菌病虎红平板凝集试验、试管凝集试验、间接酶联免疫吸附试验和PCR实验的操作技术及结果判定标准。

虎红平板凝集试验(RBT)

【实验材料】

1.实验试剂

布鲁氏菌病虎红平板凝集抗原、布鲁氏菌标准阳性和阴性血清、受检血清。

2.实验器材

微量移液器、灭菌吸头、牙签、计时器、洁净的玻璃板、玻璃铅笔、直尺。

【实验方法】

1. 从冰箱取出受检血清、布鲁氏菌标准阴性和阳性血清以及抗原，平衡至室温。

2. 用玻璃铅笔在玻板上划出 2 cm×2 cm 的方格，方格一侧留出 1 cm 宽的小格，用于填写血清编号。

3. 吸取 25 μL 血清和抗原（取样前需分别漩涡混匀）加于玻璃板 4 cm^2 方格内的两侧。同时设立标准阴性、阳性血清对照。

4. 以灭菌牙签快速混匀血清和抗原，涂成直径约 2 cm 的圆形。

5. 混匀后 4 min，在自然光下观察凝集情况。

【结果判定】

1. 标准阳性血清出现凝集，而标准阴性血清不出现凝集时，试验成立。

2. 结果出现肉眼可见凝集现象（有明显的凝集颗粒/块，液体澄清透明）判定为阳性（+），无凝集现象且反应混合液呈均匀粉红色者判定为阴性（-）。

试管凝集试验（SAT）——常量法

【实验材料】

1. 实验试剂

布鲁氏菌试管凝集试验抗原、布鲁氏菌标准阳性和阴性血清、受检血清、稀释液[含 0.5% 石炭酸的生理盐水和（或）含 0.5% 石炭酸的 10% 氯化钠溶液（用于检验羊血清时稀释血清和抗原）]。

2. 实验器材

玻璃试管（三分管）、试管架、移液器、灭菌吸头、温箱等。

【实验方法】

1. 稀释待检血清

（1）以羊和猪血清为例，每份血清用 4 支凝集试管。

（2）第 1 管标记检验编码后加 920 μL 稀释液。

（3）第 2~4 管各加入 500 μL 稀释液。

（4）取受检血清 80 μL，加入第 1 管内，混合均匀。

(5)取500 μL混合液加入第2管并充分混匀,如此倍比稀释至第4管,从第4管弃去500 μL混匀液。

(6)稀释完毕,第1~4管的血清稀释度分别为1∶12.5、1∶25、1∶50和1∶100。

(7)牛、马、鹿、骆驼血清稀释法与上述方法基本一致,差异是第1管加960 μL稀释液和40 μL受检血清,其稀释度分别为1∶25、1∶50、1∶100和1∶200。

2.稀释抗原

将试管凝集抗原用0.5%石炭酸生理盐水按1∶20稀释,取稀释的抗原液500 μL分别加入已稀释好的各管血清中,振摇均匀。羊和猪的血清稀释度则依次变为1∶25、1∶50、1∶100和1∶200,牛、马和骆驼的血清稀释度则依次变为1∶50、1∶100、1∶200和1∶400。

3.设置对照

每次试验均应设阴性血清对照、阳性血清对照和抗原对照。

(1)阴性血清对照:按说明书将冻干阴性血清稀释到规定容量,对照试验中稀释和加抗原的方法与受检血清相同。

(2)阳性血清对照:按说明书将冻干阳性血清稀释到规定容量,对照试验中稀释和加抗原的方法与受检血清相同。

(3)抗原对照:在500 μL稀释液中加入500 μL 1∶20稀释的抗原液,观察抗原是否有自凝现象。

4.配制比浊管

每次试验均需配制比浊管,作为判定凝集反应的依据。配置方法见表1-7-1。

表1-7-1 比浊管的配制

试管号	对倍稀释的抗原液/μL	稀释液/μL	清亮度/%	凝集度标记
1	0	1000	100	++++
2	250	750	75	+++
3	500	500	50	++
4	750	250	25	+
5	1000	0	0	-

5.结果检查

将加样后的试管置于37 ℃温箱中孵育24 h,取出检查并记录结果。

【结果判定】

1.血清效价确定

参照比浊管判读,当阳性血清出现完全凝集(++++)现象,阴性血清和抗原对照均无凝集(-)现象时,试验成立。

(1)++++:菌体完全凝集,100%下沉,上层液体100%清亮。

(2)+++:菌体几乎完全凝集,上层液体75%清亮。

(3)++:菌体凝集显著,液体50%清亮。

(4)+:有凝集物沉淀,液体25%清亮。

(5)-:无凝集物,液体均匀混浊。

出现++以上凝集现象的最高血清稀释度为该份被检血清的凝集价。

2.结果判定

(1)马、牛、鹿和骆驼1:100血清稀释度,猪、山羊、绵羊和犬1:50血清稀释度,出现“++”及以上的凝集现象时,判定为阳性。

(2)马、牛、鹿、骆驼1:50血清稀释度,猪、山羊、绵羊和犬1:25血清稀释度,出现“++”以上凝集现象时,判定为可疑。

可疑家畜30 d后采血重检,如仍为可疑:牛和羊判为阳性;猪和马经重检仍可疑,但农场牲畜没有临床症状和大批阳性患畜出现,该畜判为阴性。

猪血清偶有非特异性反应,应结合流行病学调查判定,必要时配合补体结合试验和鉴别诊断,排除耶森氏菌交叉凝集反应。

试管凝集试验(SAT)——微量法

【实验材料】

1.实验试剂

试管凝集抗原、布鲁氏菌标准阳性和阴性血清、含0.5%石炭酸的生理盐水(用于检验牛血清时稀释血清和抗原)或含0.5%石炭酸的10%氯化钠溶液(用于检验羊血清时稀释血清和抗原)、受检血清等。

2.实验器材

96孔U形聚苯乙烯板、微量移液器、灭菌吸头、塑料薄膜、湿盒、振荡器、适宜的稀释用器皿、温箱等。

【实验方法】

1.稀释待检血清

（1）以羊血清为例，每份血清用4个连续的U形孔。

（2）在聚苯乙烯反应板的第1孔加184 μL稀释液。

（3）第2~4孔各加入100 μL稀释液。

（4）取16 μL受检血清加入第1孔，混匀。

（5）从第1孔吸取100 μL混合液加入第2孔，充分混匀，如此倍比稀释至第4孔，从第4孔弃去混合液100 μL。

（6）稀释完毕，第1~4孔的血清稀释度分别为1∶12.5、1∶25、1∶50和1∶100。

（7）牛血清稀释法与上述基本一致，差异是第1孔加192 μL稀释液和8 μL受检血清，其稀释度分别为1∶25、1∶50、1∶100和1∶200。

2.稀释抗原

将凝集抗原用0.5%石炭酸生理盐水按1∶20稀释，取稀释的抗原100 μL加入上述各孔稀释好的血清中，振荡混匀。羊的血清稀释度则依次变为1∶25、1∶50、1∶100和1∶200，牛的血清稀释度则依次变为1∶50、1∶100、1∶200和1∶400。

3.设置对照

每次试验均应设阴性血清对照、阳性血清对照和抗原对照。

（1）阴性血清对照：按说明书将冻干阴性血清稀释到规定容量，对照试验中稀释和加抗原的方法与受检血清相同。

（2）阳性血清对照：按说明书将冻干阳性血清稀释到规定容量，对照试验中稀释和加抗原的方法与受检血清相同。

（3）抗原对照：在100 μL稀释液中加入100 μL 1∶20稀释的抗原液，观察抗原是否有自凝现象。

4.结果检查

用塑料薄膜将聚苯乙烯反应板各孔严密封盖后，放入湿盒内，置于37 ℃温箱中孵育24 h，取出检查并记录结果。

【结果判定】

1.确定凝集反应程度

凝集反应程度分为5个等级，分别记为“++++”“+++”“++”“+”和“−”，按以下说明判定:(1)"++++"表示菌体完全凝集,1~4孔凝集物呈伞状均匀铺于孔底;(2)"+++"表示菌体几乎完全凝集,1~3孔凝集物呈伞状均匀铺于孔底,第4孔孔底呈现白色点状;(3)"++"表示菌体凝集显著,1~2孔凝集物呈伞状均匀铺于孔底,3~4孔孔底呈现白色点状;(4)"+"表示凝集物有沉淀,第1孔凝集物呈伞状均匀铺于孔底,2~4孔孔底呈现白色点状;(5)"-"表示无凝集,1~4孔孔底均呈现白色点状。

2.结果判定

当阳性血清出现完全凝集(++++),阴性血清和抗原对照均无凝集(-)现象时,试验成立。

(1)受检血清出现"++"及以上凝集现象时,判定为阳性;

(2)受检血清出现"+"凝集现象时,判定为可疑;

(3)受检血清出现"-"时,判定为阴性。

试验结果可疑者,牛、羊经30 d后采血重检,如果仍为可疑,该家畜判为阳性。

间接酶联免疫吸附试验(iELISA)

【实验材料】

1.实验试剂

牛种布鲁氏菌S1119-3株或S99株脂多糖抗原、酶标多克隆抗体(兔抗牛或兔抗羊)或酶标单克隆抗体、布鲁氏菌标准阳性和阴性血清、抗原包被缓冲液(0.05 mol/L pH 9.6碳酸盐/碳酸氢盐缓冲体系)、稀释酶标抗体和血清稀释缓冲液(0.01 mol/L pH 7.2磷酸盐缓冲体系PBST1)、洗涤缓冲液(0.01mol/L pH7.2磷酸盐缓冲体系PBST2)、底物溶液(3%过氧化氢溶液)、底物缓冲液(pH4.5柠檬酸缓冲液)、显色液{0.16 mol/L ABTS[2,2-二氮双(3-乙基苯并噻唑-6-磺酸)]}溶液、终止液(0.5 mol/L叠氮化钠)等。

2.实验器材

96微孔聚苯乙烯板、单道和多道移液器、灭菌吸头、酶标仪(具备414 nm或405 nm波长滤光片)、旋转振荡器、保湿盒、盖板、洗板机等。

【实验方法】

1.吸取待检血清和对照血清各25 μL,加入975 μL血清稀释液,进行1:40初始稀释。

2.取包被酶标板,每孔加入80 μL稀释液。

3. 在第1~10列的各孔中分别加入20 μL初始稀释的待检血清(终稀释度为1∶200)，在第11列的各孔中分别加入20 μL初始稀释的阳性对照血清，在第12列的前7个孔分别加入20 μL初始稀释的阴性对照血清，第12列的最后1孔不加稀释缓冲液做空白对照(图1-7-1)。

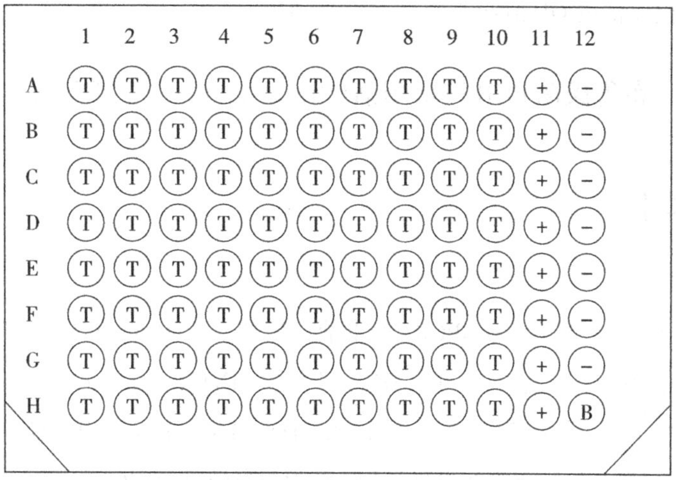

图1-7-1　酶标板微孔排列示意(引自GB/T18646-2018)

注：B为空白对照孔；“+”为阳性对照孔；“T”为待检血清孔；“−”为阴性对照孔。

4. 酶标板加盖，在旋转振荡器上室温孵育30 min(或30 ℃条件下静置1 h)。

5. 甩出微孔中的液体，每孔加满洗涤液，静止30 s后弃去，重复洗涤5次，在吸水纸巾上反复拍打酶标板，确保酶标板各孔内无残留液体。

6. 每孔加入100 μL用稀释液稀释至工作浓度的酶标抗体，加盖在旋转振荡器上室温孵育30 min(或30 ℃条件下静置1 h)。

7. 按步骤5进行洗涤。

8. 每孔加入100 μL配制好的底物显色混合液，在旋转振荡器上室温孵育10 ~15 min。

9. 每孔加入100 μL终止液，以酶标仪405 nm测定吸光度(OD)值。

【结果判定】

1. 实验成立的条件

(1)空白对照孔OD值和7个阴性对照孔的平均OD值<0.100，8个阳性孔的平均OD值>0.700。

(2)结合率应≥10，结合率计算按下式计算：

$$结合率=\frac{8个阳性对照孔的平均OD值}{7个阴性对照孔的平均OD值}$$

2. 结果判定

8个阳性对照孔的平均OD值×10%定为阴阳性的临界值。待检血清的OD值≥临界值判为阳性，待检血清的OD值<临界值判为阴性。

布鲁氏菌PCR扩增图谱(Bruce-Ladder)检测方法

【实验材料】

1. 实验试剂

细菌DNA提取试剂盒、10×PCR缓冲液、镁离子(50 mmol/L)、8对引物混合液(12.5 μmol/L)(表1-7-2)、超纯水、Taq DNA聚合酶、dNTPs(2 mmol/L)、TBE缓冲液、琼脂糖、GoldView核酸染料、溴酚蓝缓冲液、1 kb plus DNA Ladder、灭菌生理盐水等。

表1-7-2　布鲁氏菌PCR引物序列(引自GB/T 18646-2018)

编号	上游引物5'—3'	下游引物5'—3'
1	ATCCTATTGCCCCGATAAGG	GCTTCGCATTTTCACTGTAGC
2	GCGCATTCTTCGGTTATGAA	CGCAGGCGAAAACAGCTATAA
3	TTTACACAGGCAATCCAGCA	GCGTCCAGTTGTTGTTGATG
4	TCGTCGGTGGACTGGATGAC	ATGGTCCGCAAGGTGCTTTT
5	GCCGCTATTATGTGGACTGG	AATGACTTCACGGTCGTTCG
6	GGAACACTACGCCACCTTGT	GATGGAGCAAACGCTGAAG
7	CAGGCAAACCCTCAGAAGC	GATGTGGTAACGCACACCAA
8	CGCAGACAGTGACCATCAAA	GTATTCAGCCCCCGTTACCT

2. 实验器材

台式冷冻高速离心机、PCR扩增仪、电泳仪、凝胶成像系统、微量移液器、灭菌吸头、1.5 mL离心管、PCR反应管等。

【实验方法】

1. 提取布鲁氏菌DNA

从培养平板上挑取单个菌落，或以灭菌接种环取一环菌，接种到200 μL生理盐水中，煮沸30 min，12000 g离心30 s，取1 μL上清液作为DNA模板用于PCR扩增(约0.1 μg/

μL)，或以商品化DNA提取试剂盒提取DNA作为模板。

2.PCR扩增检测

(1)配置25 μL PCR反应体系。

在PCR反应管中依次加入10×PCR缓冲液2.5 μL，镁离子(50 mmol/L)1.5 μL，8对引物混合液(12.5 μmol/L)7.6 μL，Taq DNA聚合酶0.3 μL(使终浓度为1.5 U)，DNA模板1 μL(使终浓度为0.1 μg/μL)，dNTPs(2 mmol/L) 5.0 μL。充分混匀后，瞬时离心，确保所有反应成分混匀并集于管底。

(2)设置PCR对照。

设阴性对照(不含DNA的反应体系)和阳性对照(标准菌株DNA)。

(3)PCR扩增。

PCR扩增程序：95 ℃ 7 min预变性；然后进行25个循环扩增(95 ℃变性35 s，64 ℃退火45 s，72 ℃延伸3 min)；最后72 ℃延伸6 min，于4 ℃条件下保存。

(4)PCR产物检测。

用1×TBE缓冲液配制1.5%琼脂糖凝胶(含0.005% GoldView核酸染料)，取PCR产物7 μL与适量的溴酚蓝缓冲液混合，加样。同时，设1 kb plus DNA Ladder标准分子量，120 V稳压电泳1 h，凝胶成像系统观察照相。

【结果判定】

当阴性对照不出现电泳条带、阳性对照出现电泳条带，试验成立。然后参照图1-7-2进行判定。

1.牛种布鲁氏菌：电泳同时出现152 bp、450 bp、587 bp、774 bp和1682 bp共5条带。

2.羊种布鲁氏菌：电泳同时出现152 bp、450 bp、587 bp、774 bp、1071 bp和1682 bp共6条带。

3.绵羊附睾种布鲁氏菌：电泳同时出现152 bp、450 bp、587 bp、774 bp和1071 bp共5条带。

4.猪布鲁氏菌：电泳同时出现152 bp、272 bp、450 bp、587 bp、774 bp、1071 bp和1682 bp共7条带。

5.S19疫苗菌株：电泳同时出现152 bp、450 bp、774 bp和1682 bp共4条带。

6.RB51疫苗菌株：电泳同时出现152 bp、450 bp、587 bp、774 bp和2524 bp共5条带。

7.Rev1疫苗菌株：电泳同时出现152 bp、218 bp、450 bp、587 bp、774 bp、1071 bp和1682 bp共7条带。

8. 犬种布鲁氏菌：电泳同时出现152 bp、272 bp、450 bp、587 bp、1071 bp和1682 bp共6条带。

9. 沙林鼠种布鲁氏菌：电泳同时出现272 bp、450 bp、587 bp、774 bp、1071 bp和1682 bp共6条带。

10. 海洋种布鲁氏菌(鳍型布鲁氏菌、鲸型布鲁氏菌)：电泳同时出现152 bp、587 bp、774 bp、1071 bp、1320 bp和1682 bp共6条带。

11. 田鼠种布鲁氏菌：电泳同时出现152 bp、272 bp、450 bp、510 bp、587 bp、774 bp、1071 bp和1682 bp共8条带。

12. *B. inopinata* 布鲁氏菌：电泳同时出现152 bp、272 bp、450 bp、587 bp、774 bp和1682 bp共6条带。

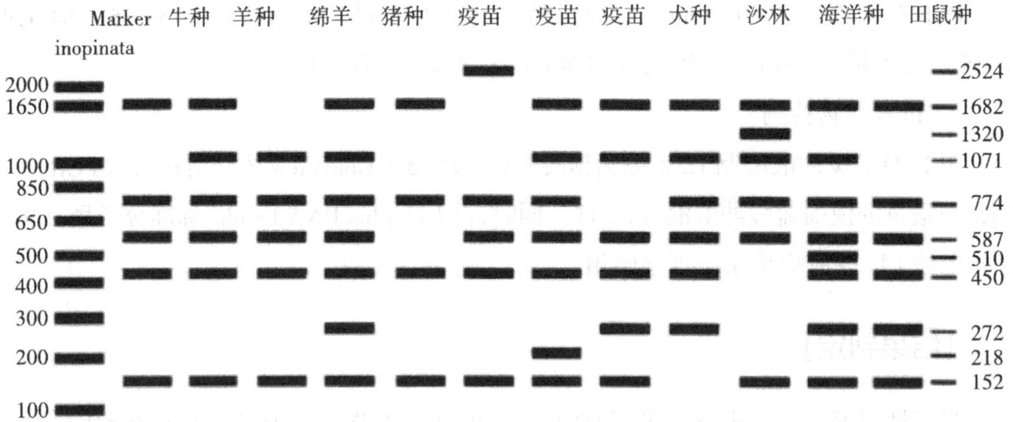

图1-7-2 布鲁氏菌种PCR扩增图谱(引自GB/T 18646-2018)

【注意事项】

1. 布鲁氏菌是一种重要的人兽共患传染病病原，涉及该病的病原学诊断，在做好安全防护的同时，相关实验还必须在BSL-3级或BSL-4级生物安全实验室进行。

2. 不同检测方法对布鲁氏菌病检疫结果的一致性之间存在一定差异，目前没有一种方法能满足本病检疫的所有需要。在临床实践中需按照国家标准在动物布鲁氏菌病初筛基础上进一步进行确证。

3. 在以试管凝集试验(常量法)进行了大规模检疫时，可只用2个血清稀释度(加抗原后的终稀释度)，即牛、马、鹿、骆驼用1:50和1:100，猪、山羊、绵羊和犬用1:25和1:50，以提高工作效率。

【思考题】

1. 布鲁氏菌病的诊断方法有哪几种？它们的优缺点是什么？

2. 某地疑似发生一起因布鲁氏菌感染引发的山羊流产案例，如何进行确诊？

【参考文献】

1. 中华人民共和国国家质量监督检验检疫总局. 动物布鲁氏菌病诊断技术 GB/T 18646-2018[S]. 北京：中国标准出版社，2018.

2. 陈溥言. 兽医传染病学实验指导[M]. 北京：中国农业出版社，2016.

实验8

巴氏杆菌病的实验室诊断

巴氏杆菌病的实验室诊断方法包括病原的分离培养与鉴定、PCR检测、荚膜多重PCR检测和血清学试验等。依据我国农业行业标准《猪巴氏杆菌病诊断技术》(NY/T 564-2016)以及《禽霍乱(禽巴氏杆菌病)诊断技术》(NY/T 563-2016)规定:病原的分离培养与鉴定,适用于巴氏杆菌病的诊断;多杀性巴氏杆菌PCR检测适用于多杀性巴氏杆菌菌种的鉴定;间接血凝试验、荚膜定型多重PCR检测适用于多杀性巴氏杆菌荚膜血清型的鉴定;血清型琼脂扩散沉淀试验,适用于多杀性巴氏杆菌菌体血清型的鉴定。

一般情况下,通过分离培养和鉴定致病菌便能很容易地确诊巴氏杆菌病,特异性抗体的血清学试验,如凝集试验、琼脂凝胶扩散沉淀试验和被动血凝试验等可作为巴氏杆菌病的检测与诊断的选做选项。本实验主要介绍多杀性巴氏杆菌的分离培养、显微镜观察、生化鉴定、多杀性巴氏杆菌菌种的PCR鉴定、荚膜多重PCR检测及血清型琼脂扩散沉淀试验等。

【实验目的】

1. 掌握多杀性巴氏杆菌的分离与培养、病原鉴定、PCR检测及琼脂扩散沉淀试验的操作技术及结果判定标准。

2. 初步掌握巴氏杆菌病的微生物学诊断步骤和方法。

病原的分离培养和鉴定

【实验材料】

1. 实验试剂

胰蛋白大豆琼脂培养基(TSA)、胰蛋白大豆肉汤培养基(TSB)、改良马丁琼脂平皿、鲜血琼脂培养基(含5%兔鲜血)、含5%血清的脑心浸出液琼脂培养基、绵羊裂解血细胞全血、健康动物血清、瑞氏染液、美兰染液、吉姆萨染液、革兰染液、葡萄糖、蔗糖、果糖、半乳糖、甘露糖、鼠李糖、戊醛糖、纤维二糖、棉子糖、菊糖、赤藓糖、戊五醇、M-肌醇、水杨苷糖发酵小管、吲哚试剂、氧化酶试剂、蒸馏水等。

2. 实验器材

高压灭菌锅、冰箱、恒温培养箱(37 ℃)、二级生物安全柜、搪瓷盘、碘酊棉、组织镊、手术刀(带柄)、普通剪刀、塑料洗瓶、纱布、酒精灯、载玻片、滤纸片(玻片大小)、吸水纸、接种环、显微镜、擦镜纸、染色废液缸等。

【实验方法】

1. 采集病料

对于急性病例,在禽、家畜濒死或死亡后,无菌采集病死动物的肝、脾等组织或心血;对慢性病例,一般采集局部病灶组织。

2. 病料样品直接镜检

取病变组织肝或脾的新鲜切面在载玻片上轻轻触片或涂抹成薄层;用灭菌剪刀剪开心脏,取血液进行推片,或取凝血块新鲜切面在载玻片上压片或涂抹成薄层。待制作好的触片或抹片干燥后,采用甲醇固定或火焰固定,进而进行瑞氏染色、美兰染色或吉姆萨染色,以油镜镜检观察。

3. 细菌分离培养

将病料接种于含4 %健康动物血清的TSB中,置于35 ~ 37 ℃条件下培养16 ~ 24 h。取TSB培养物划线接种于含0.1 %绵羊裂解血细胞全血、含4 %健康动物血清的TSA平板或鲜血琼脂培养基,置于35 ~ 37 ℃条件下培养16 ~ 24 h。挑取在TSA平板上生长的光滑圆整的单个菌落传代接种于TSA平板(含0.1 %绵羊裂解血细胞全血和4 %健康动物血清)上或改良的马丁琼脂培养基(含0.1 %绵羊裂解血细胞全血和4 %健康动物血清)上,置于35 ~ 37 ℃条件下培养16 ~ 24 h,获得纯培养物。

4. 纯培养物染色镜检

在玻片上滴加1滴蒸馏水,将培养纯化的菌落挑取少量置于蒸馏水中涂抹均匀,火焰固定后,进行革兰染色、瑞氏染色、美兰染色或吉姆萨染色,以油镜镜检观察。

5. 生化试验

参照微生物学实验指导相关教程的生化实验部分,对分离菌纯培养物进行生化试验。

【结果判定】

1.培养特性鉴定

(1)多杀性巴氏杆菌为兼性厌氧菌,最适生长温度为35～37 ℃。在改良马丁琼脂平皿上有单个菌落,肉眼观察光滑圆整,直径为2～3 mm,半透明,呈微蓝色。

(2)在血琼脂平板上,巴氏杆菌菌落呈浅灰色半透明的露珠状,较平坦,不溶血。若有可疑菌落出现,则进一步做鉴定。

2.显微镜鉴定

镜检时,多杀性巴氏杆菌为革兰阴性球杆菌或短杆菌,多杀性巴氏杆菌呈两极浓染的菌体,常有荚膜,菌体大小为(0.2～0.4)μm×(0.6～2.5)μm,单个或成对存在。

3.生化特性鉴定

(1)接种于葡萄糖、蔗糖、果糖、半乳糖、甘露醇发酵管产酸而不产气。接种于鼠李糖、戊醛糖、纤维二糖、棉子糖、菊糖、赤藓糖、戊五醇、M-肌醇、水杨苷糖发酵小管不发酵。

(2)接种于蛋白胨水培养基中,可产生吲哚。

(3)产生过氧化氢酶、氧化酶,但不能产生尿素酶、β-半乳糖苷酶。

(4)维培(VP)试验为阴性。

多杀性巴氏杆菌PCR鉴定

【实验材料】

1.实验试剂

从病料中分离的细菌纯培养物、1×TBE电泳缓冲液、琼脂糖、10×PCR buffer、dNTPs、Taq酶、DL 2000 DNA Marker、kmt I基因扩增引物(表1-8-1)、阳性对照(多杀性巴氏杆菌)、阴性对照(除多杀性巴氏杆菌外的其他细菌)、细菌基因组DNA提取试剂盒等。

表1-8-1 多杀性巴氏杆菌kmtI基因扩增引物序列(引自NY/T 564-2016)

检测目的	引物序列(5'—3')	扩增大小/bp
多杀性巴氏杆菌定种	上游引物:ATC CGC TAT TTA CCC AGT GG	460
	下游引物:GCT GTA AAC GAA CTC GCC AC	

2.实验器材

二级生物安全柜、制冰机、高速离心机、水浴锅、离心机、灭菌吸头、离心管、PCR反应管、PCR仪、电泳仪、凝胶成像仪等。

【实验方法】

1.样品处理

将分离鉴定和纯培养的细菌液体培养样品直接保存于无菌的1.5 mL塑料离心管中，密封，编号，保存，待检。

2.基因组DNA的提取

取1～2个纯培养的单菌落加入100 μL无菌超纯水中，混匀，沸水浴10 min，冰浴5 min，12000 r/min离心1 min，上清液作为基因扩增的模板。在提取DNA时，应设立阳性对照样品和阴性对照样品，按同样的方法提取DNA。也可以按照商业化的细菌基因组DNA提取试剂盒说明书提取基因组。

3.PCR扩增检测

(1)配置50 μL PCR反应体系。

按表1-8-2在PCR反应管中依次加入无菌超纯水、10×PCR Buffer、dNTPs、引物、Taq酶和DNA模板。同时，设置阳性对照（多杀性巴氏杆菌基因组DNA）和阴性对照（除多杀性巴氏杆菌外的其他细菌基因组DNA）。将PCR反应各组分充分混匀后，瞬时离心，确保所有反应成分混匀并集于管底。

表1-8-2　多杀性巴氏杆菌kmtI基因扩增反应体系

组分	体积/μL
无菌超纯水	36.75
10×PCR Buffer（含Mg^{2+}）	5
dNTPs（2.5 mmol/L）	4
上游引物（10 μmol/L）	1
下游引物（10 μmol/L）	1
Taq酶（5 U/μL）	0.25
DNA模板	2

(2)PCR扩增。

将将配制好的PCR样品反应管置于PCR扩增仪内进行扩增。反应程序为：首先95 ℃预变性5 min；然后95 ℃变性30 s，55 ℃退火30 s，72 ℃延伸1 min，30个循环；最后

72 ℃延伸10 min，结束反应。PCR产物用1.5 %琼脂糖凝胶进行电泳，观察扩增产物条带大小。若不立即进行电泳，可将PCR产物置于-20 ℃条件下冻存。

(3)PCR产物检测。

在1 × TBE电泳缓冲液中进行电泳，将上述的扩增产物、DL 2000 DNA Marker分别加入1.5 %琼脂糖凝胶孔中，每孔加扩增产物10 μL。80 ~ 100 V电压电泳30 min，在紫外灯或凝胶成像仪下观察结果。

【结果判定】

当阳性对照扩增出约460 bp的片段，阴性对照未扩增出片段时，试验成立。被检样品扩增出约460 bp的片段，则判定被检病原为多杀性巴氏杆菌。被检样品未扩增出约460 bp的片段，则判定被检细菌纯培养物不是多杀性巴氏杆菌。

荚膜多重PCR检测

【实验材料】

1. 实验试剂

从病料中分离的多杀性巴氏杆菌纯培养物、1 × TBE电泳缓冲液、琼脂糖、10 × PCR Buffer、dNTPs、Taq酶、DL 2000 DNA Marker、阳性对照(已鉴定的A型、B型、D型、E型和F型荚膜型多杀性巴氏杆菌或含有多杀性巴氏杆菌型特异性基因的质粒)、阴性对照(除多杀性巴氏杆菌外的其他细菌或灭菌纯水)、商业化的细菌基因组DNA提取试剂盒等。

引物：多杀性巴氏杆菌荚膜分为A型、B型、D型、E型和F型，根据编码A型、B型、D型、E型和F型不同的基因设计引物，序列见表1-8-3。

表1-8-3　荚膜多重PCR扩增引物序列(引自NY/T 563-2016)

检测目的	引物序列(5'—3')	扩增大小/bp
荚膜定型	荚膜A型上游引物：TGC CAA AAT CGC AGT CAG	1044
	荚膜A型下游引物：TTG CCA TCA TTG TCA GTG	
	荚膜B型上游引物：CAT TTA TCC AAG CTC CAC C	760
	荚膜B型下游引物：GCC CGA GAG TTT CAA TCC	
	荚膜D型上游引物：TTA CAA AAG AAA GAC TAG GAG CCC	657
	荚膜D型下游引物：CAT CTA CCC ACT CAA CCA TAT CAG	

续表

检测目的	引物序列(5'—3')	扩增大小/bp
荚膜定型	荚膜E型上游引物:TCCGCAGAAAATTATTGACTC	511
	荚膜E型下游引物:GCTTGCTGCTTGATTTTGTC	
	荚膜F型上游引物:AATCGGAGAACGCAGAAATCAG	851
	荚膜F型下游引物:TTCCGCCGTCAATTACTCTG	

2. 实验器材

二级生物安全柜、制冰机、高速离心机、水浴锅、离心机、灭菌吸头、离心管、PCR反应管、PCR仪、电泳仪、凝胶成像仪等。

【实验方法】

1. 基因组DNA的提取

细菌基因组的提取方法同多杀性巴氏杆菌PCR鉴定。

2. 荚膜多重PCR反应体系及反应条件

(1)配置反应体系。

对提取的DNA进行扩增,配置50 μL PCR反应体系,见表1-8-4。

表1-8-4　多杀性巴氏杆菌多重PCR荚膜定型基因扩增反应体系

组分	体积/μL
无菌超纯水	19.5
10×PCR Buffer(含Mg^{2+})	5
dNTPs(2.5 mmol/L)	4
荚膜A型上游引物(10 μmol/L)	2
荚膜A型下游引物(10 μmol/L)	2
荚膜B型上游引物(10 μmol/L)	2
荚膜B型下游引物(10 μmol/L)	2
荚膜D型上游引物(10 μmol/L)	2
荚膜D型下游引物(10 μmol/L)	2
荚膜E型上游引物(10 μmol/L)	2
荚膜E型下游引物(10 μmol/L)	2

续表

组分	体积/μL
荚膜F型上游引物(10 μmol/L)	2
荚膜F型下游引物(10 μmol/L)	2
Taq酶(5 U/μL)	0.5
DNA模板	1

(3)PCR扩增。

样品反应管瞬时离心，置于PCR扩增仪内进行扩增。95 ℃预变性10 min，95 ℃变性30 s，55 ℃退火30 s，72 ℃延伸1 min，30个循环，72 ℃延伸10 min，结束反应。同时，设置阳性对照及阴性对照。PCR产物用1.5 %琼脂糖凝胶进行电泳，观察扩增产物条带大小。若不能立即进行电泳，可将PCR产物置于−20 ℃条件下冻存。

(4)PCR产物检测。

按多杀性巴氏杆菌PCR鉴定中的凝胶电泳方法进行。

【结果判定】

1. 试验成立的条件：A型、B型、D型、E型和F型荚膜型阳性对照样品扩增出约1044 bp、760 bp、657 bp、511 bp和851 bp片段，且阴性对照不能扩增出任何条带。

2. 阳性判定：符合试验成立的条件，被检样品扩增出约1044 bp的片段，判定为荚膜A型；扩增出约760 bp的片段，判定为荚膜B型；扩增出约657 bp的片段，判定为荚膜D型；扩增出约511 bp的片段，判定为荚膜E型；扩增出约851 bp的片段，判定为荚膜F型。

3. 阴性判定：符合试验成立的条件，被检样品未扩增出1044 bp、760 bp、657 bp、511 bp和851 bp中的任一片段，判定为荚膜A型、B型、D型、E型和F型以外的其他荚膜血清型或不能定荚膜型的多杀性巴氏杆菌。

菌体血清型鉴定琼脂糖扩散沉淀试验

【实验材料】

1. 实验试剂

从病料中分离的多杀性巴氏杆菌纯培养物、琼脂凝胶免疫扩散试验抗原、多杀性巴氏杆菌菌体定型血清、生理盐水、8.5 %氯化钠溶液、优级琼脂粉和1 %硫柳汞溶液等。

2.实验器材

打孔器、培养皿、针头、微量移液器等。

【实验方法】

1.琼脂凝胶免疫扩散试验抗原的制备

取一支改良马丁琼脂试管斜面24 h培养物，用3 mL生理盐水洗一下，置于100 ℃水浴中1 h，4000 r/min离心30 min，上清液即为琼脂凝胶免疫扩散试验抗原。

2.琼脂凝胶免疫扩散试验

取琼脂1.0 g加入100 mL8.5 %氯化钠溶液，加热熔化。熔化后再加1 mL 1 %硫柳汞，混合凉至60 ℃左右，倒入平皿内，控制琼脂厚度为2.5 ~ 3 mm，琼脂凝固后用7孔梅花形打孔器打孔。孔径4 mm，孔与孔中心距离为6 mm。将孔中的琼脂用8号针头斜面向上从右侧边缘插入，轻轻向左侧方向将琼脂挑出，勿伤边缘，避免琼脂层脱离平皿底部，用酒精灯轻烤平皿底部直至琼脂微熔化为止，封闭孔的底部，以防侧漏。中心孔加入被检抗原，外周1 ~ 5孔加入定型血清，第6孔加入生理盐水为阴性对照。每孔均以加满不溢出为度，每加一个样品应换一个吸头。置于37 ℃条件下孵育24 ~ 48 h，然后判定结果。

【结果判定】

将琼脂板置于日光灯或侧强光下观察，抗原与生理盐水孔之间不出现沉淀线，则试验成立。抗原与标准定型血清之间出现明显的沉淀线，则判定该血清型为待检多杀性巴氏杆菌的菌体血清型。

【注意事项】

在进行病原菌的分离与血平板培养时，须注意无菌操作，否则易产生杂菌；在进行心血涂片瑞氏染色时，可以盖上一块玻片大小的清洁滤纸片，以防染液中的杂质进入涂片影响镜检效果。

【思考题】

1.试述巴氏杆菌病的微生物学检查程序。

2.当怀疑猪场同时有猪肺疫和猪瘟时，如果从猪体内分离到巴氏杆菌，能否直接确定是猪肺疫？

【参考文献】

1. 中华人民共和国农业部. 猪巴氏杆菌病诊断技术 NY/T 564-2016[S]. 北京：中国农业出版社，2016.

2. 中华人民共和国农业部. 禽霍乱（禽巴氏杆菌病）诊断技术 NY/T 563-2016[S]. 北京：中国农业出版社，2016.

3. 郑明球. 家畜传染病学实验指导（第3版）[M]. 北京：中国农业出版社，1999.

实验 9

山羊支原体肺炎的实验室诊断

山羊支原体肺炎也称为山羊传染性胸膜肺炎，主要是由山羊支原体山羊肺炎亚种、山羊支原体山羊亚种或丝状支原体山羊亚种等病原感染山羊而引起的一种高度接触性传染病，临床以高热、咳嗽、流鼻液、流泪、呼吸困难，胸和胸膜发生浆液性和纤维素性胸膜炎症为特征。依据我国国家标准《山羊接触传染性胸膜肺炎诊断技术》(GB/T 34720-2017)规定，该病的诊断方法包括病原的分离鉴定、PCR诊断和间接血凝试验(IHA)等。本实验主要介绍山羊支原体肺炎的分离鉴定和PCR诊断两种方法。

【实验目的】

掌握山羊支原体肺炎的病原——山羊支原体山羊肺炎亚种的分离鉴定和PCR诊断的操作技术及结果判定标准。

病原分离与鉴定

【实验材料】

1. 实验试剂

改良 Thiaucourt 氏琼脂培养基(MTA)、改良 Thiaucourt 氏肉汤培养基(MTB)、灭活马血清、青霉素等。

2. 实验器材

生物安全柜或超净工作台、组织匀浆器、普通培养箱、低温台式高速离心机、普通光学显微镜、PCR扩增仪、电泳仪和电泳槽、凝胶成像系统或紫外检测仪、旋涡振荡器、微型振荡器、水浴箱、96孔V形血凝反应板、微量移液器等。

【实验方法】

1.采集及处理样本

(1)采集样本。

以棉拭子伸入待检山羊鼻腔采集分泌物;无菌采集肺脏病变部位,特别是病变部位和非病变部位交界处的肺组织,或无菌采集纵隔淋巴结,若有胸腔积水,可无菌采集胸水。分别装入灭菌容器保存,送检。

(2)处理样本。

将鼻拭子置于1 mL MTB培养基中,充分捻动,挤干后弃去拭子,3000 r/min离心10 min,取0.5 mL上清液作为接种材料;用剪刀将组织样品剪碎,每0.1 g加MTB培养基0.9 mL,研磨成匀浆,3000 r/min离心10 min,取0.5 mL上清液作为接种材料;用MTB培养基1∶1稀释胸水后,3000 r/min离心10 min,取0.5 mL上清液作为接种材料。

2.接种培养基

取样品上清液接种于4.5 mL MTB培养基中,然后进行10倍稀释,三管分别标记为10^{-1}管、10^{-2}管和10^{-3}管。同时,从各个稀释度(10^{-1}~10^{-3})试管中取0.2 mL接种于MTA培养基(培养皿),用封口膜封口。将3个稀释度的MTB试管和MTA平皿置于37 °C条件下培养。

3.培养结果观察及克隆纯化

(1)MTB培养物。

连续观察7 d,若培养基颜色变黄、不浑浊或轻微浑浊,则判为样品分离疑似阳性,进一步对取样进行鉴定;同时取样接种到MTA培养基上,进行克隆纯化。若培养基变黄但明显浑浊,应将3管培养物用孔径0.22 μm或0.45 μm微孔滤膜过滤后,再接种到MTB培养基中,培养观察。若培养基不变黄且不浑浊,则3管均盲传1代,观察培养情况;盲传后仍未变黄则弃之。

(2)MTA培养物。

接种3 d后每天用4 ~10倍物镜的低倍显微镜观察培养皿,连续观察至第15 d。若有支原体生长,应为典型的有“中心脐”“煎蛋状”或“乳头状”菌落:肉眼不易看见,极小的水滴状圆形略带灰色的微小菌落,中央有乳头状突起,直径0.2 ~0.5 mm,可判为样品支原体分离疑似阳性。切取菌落(含琼脂块),倒置在一个新的MTA培养基的琼脂表面,轻轻动琼脂块进行克隆纯化,切取克隆纯化的单个菌落(含琼脂块)进行鉴定。

4. 支原体鉴定

进一步将样品中分离疑似阳性的培养物和克隆纯化的单个菌落进行PCR鉴定。

【结果判定】

样品分离疑似阳性，且PCR方法鉴定结果阳性，则判为山羊支原体肺炎病原分离阳性，表述为检出山羊支原体山羊肺炎亚种。否则，表述为未检出山羊支原体山羊肺炎亚种。

山羊支原体肺炎PCR方法检测

1. 实验试剂

细菌DNA提取试剂盒、2×PCR预混合液（含Taq酶）、山羊支原体山羊肺炎亚种（Mccp）PCR检测特异性引物（浓度20 μmol/ L）（表1-9-1）、灭菌超纯水、TAE电泳缓冲液、琼脂糖、GoldView核酸染料、6×PCR上样缓冲液、2000 bp DNA Marker、灭菌生理盐水等。

表1-9-1　山羊支原体山羊肺炎亚种PCR引物序列（引自GB/T 34720-2017）

基因名称	引物	目的片段
Mccp-arcD	上游P1：ATCATTTTTAATCCCTTCAAG	318 bp
	下游P2：TACTATGAGTAATTATAATATATGCAA	

2. 实验器材

台式冷冻高速离心机、PCR扩增仪、电泳仪、凝胶成像系统、微量移液器、灭菌吸头、1.5 mL离心管、PCR反应管等。

【实验方法】

1. 提取DNA

（1）鼻拭子、组织和胸水等样品，按“病原分离与鉴定”中的方法处理后，将获得的上清液经13000 r/min离心20 min，弃上清液，收集沉淀，按基因组提取试剂盒说明书提取DNA。

（2）MTB培养物13000 r/min离心20 min，弃上清液，收集沉淀，按基因组提取试剂盒说明书提取DNA。

（3）MTA单个菌落（含琼脂块），浸入1 mL灭菌生理盐水，室温浸泡30 min，旋涡振荡，3000 r/min离心10 min，取上清液，13000 r/min离心20 min，弃上清液，收集沉淀，按基因组提取试剂盒说明书提取DNA。

2.PCR扩增

（1）配置50 μL PCR反应体系。

在PCR反应管中依次加入2×PCR预混合液（含Taq酶）25 μL，上游引物和下游引物各1 μL，灭菌超纯水18 μL，DNA模板5 μL。充分混匀后，瞬时离心，确保所有反应成分混匀并集于管底。

（2）设置PCR对照。

每次反应设阴性对照（MTB培养基提取的DNA作为模板）、阳性对照（灭活的Mccp培养物提取的DNA作为模板），同时设阳性质粒对照（含靶基因片段序列）和空白对照（灭菌超纯水）。

（3）PCR扩增。

PCR扩增程序：95 ℃ 3 min预变性；然后进行35个循环扩增（94 ℃变性30 s，47 ℃退火30 s，72 ℃延伸30 s）；最后72 ℃延伸5 min，于4 ℃条件下保存。

3.PCR产物检测

用1×TAE缓冲液配制1 %琼脂糖凝胶，取PCR产物5 μL与适量6×PCR上样缓冲液混合，加样。连同2000 bp DNA Marker，进行电泳，凝胶成像系统观察照相。

【结果判定】

1.阳性对照（样本和质粒）有318 bp的特异性扩增条带，且阴性样品和空白对照没有相应的条带，则本次实验成立。

2.待检样品有大小为318 bp的特异性扩增条带，判为山羊支原体山羊肺炎亚种核酸PCR检测阳性。样品无特异性的阳性扩增条带，判为山羊支原体山羊肺炎亚种核酸PCR检测阴性。

【注意事项】

1.为提高支原体的分离效率，可以用孔径为0.22 μm或0.45 μm的微孔滤膜对病料处理后的上清液进行过滤，再接种到MTB培养基上。

2.感染山羊引起肺炎的支原体包括丝状支原体山羊亚种（Mmc）、山羊支原体山羊肺炎亚种（Mccp）、山羊支原体山羊亚种（Mcc）及无乳支原体（Ma）等，据吴亚琴等（2020）报道，利用特异性基因92.1，设计引物（92.1F：ATAAGTTGGAAGAAGATAATGCT和92.1R：TTTACTGACTTGGGTGTTAGG，片段大小509 bp）可有效将Mccp与其他支原体鉴别开来，临床实践中也可选择应用。

【思考题】

1.简述山羊支原体山羊肺炎亚种的培养特性及形态特征。

2.感染山羊引起肺炎的支原体有哪些？如何鉴别？

【参考文献】

1.中华人民共和国国家质量监督检验检疫总局，中国国家标准化管理委员会.山羊接触传染性胸膜肺炎诊断技术GB/T 34720-2017[S].北京：中国标准出版社，2017.

2.吴娅琴，刘保红，袁婷，等.山羊支原体山羊肺炎亚种特异性分子检测靶标的鉴定和应用[J].中国兽医科学2020，50(10)：1257-1262.

实验10

禽流感的实验室诊断及抗体检测技术

禽流感分为高致病性禽流感和低致病性禽流感，是由禽流感病毒感染家禽引起的一种传染病，其中高致病性禽流感是我国一类传染病和强制免疫疾病。按照我国国家标准《高致病性禽流感诊断技术》(GB/T 18936-2020)规定，禽流感的实验室诊断技术包括病毒分离与鉴定，血凝试验和血凝抑制试验，禽流感病毒 RT-PCR 试验和禽流感病毒实时荧光 RT-PCR 试验。其中，血凝试验和血凝抑制试验不仅能用于禽流感血凝素亚型的诊断，还能用于禽流感抗体检测。由于高致病性禽流感病毒的分离与鉴定需要在具有资质的高等级生物安全实验室操作，故不便于推广。

【实验目的】

1. 了解禽流感的病毒分离与鉴定方法。

2. 掌握血凝试验(HA)和血凝抑制试验(HI)、禽流感病毒 RT-PCR 试验和禽流感病毒实时荧光 RT-PCR 试验的操作技术及结果判定标准。

病毒分离和鉴定技术

【实验材料】

1. 实验试剂

灭菌棉拭子、青霉素、链霉素、磷酸盐缓冲液(PBS)等。

2. 实验器材

微量移液器、灭菌研钵、离心管、pH 计、台式冷冻离心机、电子天平、1 mL 注射器、打孔器、照蛋器、鸡胚孵化箱、振荡器、冰箱、生物安全柜。

3. 实验样品

待检病禽样本(气管、脾、肺和脑等组织样品，活禽的咽喉或泄殖腔拭子，小珍禽的新鲜粪便等)，9 ~ 11日龄的无特定病原体(SPF)鸡胚。

【实验方法】

1.处理病料

用含抗生素的pH 7.0 ~ 7.4的等渗PBS溶液混悬粪便及研碎的组织以配成10% ~ 20%(g/mL)的悬液；在PBS溶液中充分捻动棉拭子，拧干后弃去拭子；样品液经1000 r/min离心10 min，取上清液作为接种材料。

2.接种样品

以0.2 mL/胚的量将处理好的样品经尿囊腔途径接种于9~11日龄SPF鸡胚，每个样品接种3~5枚鸡胚，于37 ℃孵化箱内孵育，每天上午和下午定点观察鸡胚死亡情况。

3.收获病毒

无菌收取死胚及96 h仍存活鸡胚的鸡胚尿囊液，测HA活性。

4.鉴定病毒

进一步采用HA和HI试验、禽流感病毒RT-PCR试验、禽流感病毒实时荧光RT-PCR试验等方法进行验证。

【结果判定】

若无血凝(HA)活性，则将收取的尿囊液进行盲传(至少1代)，若仍为阴性，则认为病毒分离阴性；如果HA试验结果为阳性，说明该病毒具有血凝特性。以抗禽流感病毒阳性血清做HI试验，如发现抗禽流感病毒阳性血清能阻断所分离病毒对红细胞的凝集作用，则可证实为禽流感。此外，禽流感反转录聚合酶链式反应(RT-PCR)和实时荧光定量RT-PCR等实验结果阳性，也可判定为禽流感。

血凝试验(HA)

【实验材料】

1.实验试剂

阿氏液(柠檬酸2.05 g、柠檬酸钠0.8 g、葡萄糖0.055 g、氯化钠0.042 g，加蒸馏水至100 mL，混匀，调pH至6.1，121 ℃灭菌15 min，4 ℃条件下保存备用)，灭活的高致病性禽流感病毒或待测病毒液，1%鸡红细胞悬液，0.01 mol/L PBS液(pH7.2)或灭菌生理盐水等。

2.实验器材

微量移液器、微量滴头、96孔凝血板、微型振荡器、恒温培养箱等。

【实验方法】

1. 1%鸡红细胞的制备

采集至少3只SPF公鸡或无新城疫抗体的非免疫鸡抗凝血(阿氏液为抗凝剂)加入离心管中,再加入3～4倍体积的PBS液或灭菌生理盐水混匀,以2000 r/min离心5～10 min。去掉血浆和白细胞层,重复以上过程,反复洗涤3次直到上清液完全透明无色。弃上清液,最后吸取红细胞沉淀用灭菌生理盐水配制成1%(体积分数)的细胞悬液,置于4 ℃条件下保存备用。

2.倍比稀释抗原或病毒液

在96孔V形微量反应板中加入PBS液,每孔25 μL。在第1孔加25 μL抗原或病毒液,反复吹吸3～5次,混匀。从第1孔吸取25 μL抗原或病毒液加入第2孔,反复吹吸3～5次,混匀,吸取25 μL加入第3孔,进行2倍系列稀释至第11孔,从第11孔吸取25 μL弃去。第12孔为PBS对照孔。

3.加入红细胞

在上述每孔中补加25 μL PBS,然后于每孔中加入25 μL 1%(体积分数)鸡红细胞悬液。

4.观察结果

轻扣反应板混合反应物,或将微量反应板在微型振荡器上振荡混匀,室温(约20 ℃)下放置40 min,环境温度过高时可在4 ℃条件下静置60 min,将反应板倾斜60°,观察红细胞有无泪珠状流淌。

【结果判定】

将红细胞完全无泪珠样流淌(100%凝集)的最高稀释倍数判为血凝效价,表示1个血凝单位(HAU)。

血凝抑制试验(HI)

【实验材料】

1.实验试剂

阿氏(Alsevers)液、灭活的高致病性禽流感病毒或待测病毒液、禽流感病毒血凝素分型抗原、禽流感病毒标准分型血清以及阴性血清、1%鸡红细胞悬液、0.01 mol/L PBS液(pH7.2)等。

2.实验器材

微量移液器、微量滴头、96孔凝血板、微型振荡器、恒温培养箱。

【实验方法】

1.配置4个单位的血凝抗原(4 HAU)

根据HA试验结果配制4 HAU抗原。以引起100%红细胞凝集的病毒最高稀释倍数作为1个血凝单位(1 HAU),4个血凝单位配制方法如下:假设抗原血凝滴度为1∶256,4个血凝单位则为1∶64。稀释时,将1 mL抗原加入63 mL生理盐水中即为4 HAU抗原。

2.稀释血清

在第1~11孔中加入25 μL PBS,在第12孔中加入50 μL PBS作为空白对照。在第1孔中加入25 μL待测血清。第1孔血清与PBS充分混匀后吸取25 μL于第2孔,依次2倍稀释至第10孔,从第10孔弃去25 μL。第11孔作为抗原对照。

3.加入抗原

在第1~11孔中均加入25 μL 4 HAU抗原,在室温(约20 ℃)下静置30 min或在4 ℃条件下静置60 min。

4.加入红细胞

每孔加入25 μL 1%鸡红细胞悬液,轻晃或振荡混匀,室温下静置20~40 min,若环境温度太高,于4 ℃条件下静置40~60 min。当生理盐水阴性对照孔红细胞呈明显纽扣状沉到孔底时判定结果。每次测定时还应设置已知效价的标准阳性血清和阴性血清作对照。

【结果判定】

将板倾斜,观察红细胞有无呈泪滴状流淌。当第11孔(抗原对照孔)完全凝集,且阴性对照血清抗体效价≤1∶4(或2log2),阳性对照血清抗体效价与已知效价误差不超1个滴度时,试验成立。将完全抑制4 HAU抗原的最高血清稀释倍数判定为该血清的HI抗体效价。

用于检测鸡血清抗体时,HI抗体效价≤1∶8(或3log2)判为阴性,≥1∶16(或4log2)判为阳性。用于检测抗原能够被某亚型禽流感标准血清抗体抑制,HI效价≥1∶16(或4log2)判定为该亚型阳性;HI抗体效价≤1∶8(或3log2)判为阴性。对于疑似H5亚型等抗原性可能存在较大差别的病毒,应结合其他病毒检测方法进行鉴定。

禽流感病毒 RT-PCR 试验

【实验材料】

1.实验试剂

SPF鸡胚尿囊液(阴性对照)、禽流感病毒RT-PCR引物序列(表1-10-1)、RNA提取试剂Trizol、三氯甲烷、异丙醇、75%乙醇、RT-PCR相关试剂(RT-PCR反应液如表1-10-2)、2000 bp DNA Marker、不含RNA酶的水(其中RNA提取和RNA反转录也可使用相关的商品化试剂盒)。

表1-10-1　禽流感病毒RT-PCR试验可选择的引物(引自GB/T 18936-2020)

引物名称	引物序列5'—3'	长度/bp	目的基因
M-229U	TTCTAACCGAGGTCGAAAC	229	M
M-229L	AAGCGTCTACGCTGCAGTCC		
H5-372U	GGAATATGGTAACTGCAACACCA	372	H5
H5-372L	AACTGAGTGTTCATTTTGTCAATG		
H7-501U	AATGCACARGGAGGAGGAACT	501	H7
H7-501L	TGAYGCCCCGAAGCTAAACCA		
H9-273U	TGTGTCTTACGATGGGACAAGCA	273	H9
H9-273L	TTGACAAGAGGCCTTGGTCCTAT		
N1-358U	ATTRAAATACAAYGGYATAATAAC	358	N1
N1-358L	GTCWCCGAAAACYCCACTGCA		
N2-377U	GTGTGYATAGCATGGTCCAGCTCAAG	377	N2
N2-377L	GAGCCYTTCCARTTGTCTCTGCA		
N9-203U	ATAATGAAACAAACATCACCAA	203	N9
N9-203L	AGCATAGAACCTGCATTCATCT		

注:W=(AT);Y=(CT);R=(AG)。

表1-10-2　RT-PCR反应液配方（引自GB/T 18936-2020）

组分	1个检测体系的加入量/μL
5×反应缓冲液	5.0
10 mmol/L d NTP	0.5
15 mmol/L氯化镁	1.0
20 pmol上游引物	0.5
20 pmol下游引物	0.5
AMV反转录酶（200 U/μL）	0.5
Taq DNA聚合酶（5 U/μL）	0.5
无RNA酶灭菌水	14.0

2. 实验器材

PCR仪、高速台式冷冻离心机、生物安全柜、水浴锅、组织匀浆器、电泳仪、电泳槽、紫外凝胶成像仪、微量移液器、无RNA酶的离心管、PCR管及枪头等。

3. 实验样品

灭活的相应亚型禽流感病毒鸡胚培养物（阳性对照），待检测的病料（禽组织、分泌物、排泄物及鸡胚培养物等）。

【实验方法】

1. 取200 μL经研磨和离心的待测样本上清液提取RNA。

2. RNA提取应在样品制备区，尽量避免核酸污染和RNA酶污染，同时设立阳性对照和阴性对照。

3. 在无RNA酶的1.5 mL离心管中加入200 μL上清液，加入1 mL Trizol，振荡20 s，室温下静置10 min；加入200 μL三氯甲烷，颠倒混匀，室温下放置10 min，以12000 r/min离心15 min；管内液体分为三层，取最上层500 μL于离心管中，加入500 μL预冷异丙醇，颠倒混匀，静置10 min。

4. 以12000 r/min离心15 min沉淀RNA，弃去所有液体。

5. 加入700 μL预冷的75%乙醇洗涤，颠倒混匀2～3次，以12000 r/min离心10 min。

6. 将水浴锅调至60 ℃，沉淀于室温下干燥10 min；加入40 μL DEPC水，在60 ℃条件下充分溶解RNA，-70 ℃保存备用或立即使用。

7. 取提取的RNA加2.5 μL（约250 ng）于RT-PCR反应液中，置于PCR仪中，循环参数为:45 ℃逆转录45 min;94 ℃预变性2 min;94 ℃ 30 s、52 ℃ 45 s、68 ℃ 45 s,35个循环;最后68 ℃延伸8 min。最后的RT-PCR产物置于4 ℃条件下保存。

8.取5～10 μL PCR产物用1.5%琼脂糖凝胶进行电泳。电泳完毕后,在紫外灯下观察结果,并通过DNA Marker辅助判断PCR片段大小。

【结果判定】

在阳性对照出现相应扩增带、阴性对照无此扩增带时判定结果。出现预期大小的扩增片段时,判定为禽流感病毒核酸检测阳性,否则判定为阴性。

禽流感病毒实时荧光RT-PCR检测

【实验材料】

1.实验试剂

RNA提取试剂Trizol或市售商品化RNA提取试剂盒、三氯甲烷、异丙醇、75%乙醇、引物探针(表1-10-3)、2×RT缓冲液、酶混合液及无RNA酶灭菌水等。

表1-10-3　禽流感病毒实时荧光RT-PCR试验可选引物和探针(引自GB/T 18936-2020)

引物和探针名称	引物序列(5'—3')
M上游引物	GACCRATCCTGTCACCTCTGAC
M下游引物	AGGGCATTYTGGACAAAKCGTCTA
M探针	TGCAGTCCTCGCTCACTGGGCACG
H5上游引物	AGGGAGGATGGCAGGGAATG
H5下游引物	TCTTTGTCTGCAGCGTACCCACT
H5探针	ATGGTTGGTATGGGTACCACCATAGCAATG
H7上游引物	CTAATTGATGGTTGGTATGGTTTCA
H7下游引物	AATTGCCGATTGAGTGCTTTT
H7探针	CAGAATGCACAGGGAGAGGGAACTGCT
N6上游引物	TGCAGGATGTTTGCTCTGAGTC
N6下游引物	CGAAATGGGCTCCTATCATGTAT
N6探针	ACAACACTCAGAGGGCAACATGCCGAAT
N8上游引物1	TCCATGYTTTTGGGTTGARATGAT

续表

引物和探针名称	引物序列(5'—3')
N8下游引物1	GCTCCATCRTGCCAYGACCA
N8探针1	TCHAGYAGCTCCATTGTRATGTGTGGAGT
N9上游引物	CAGAAGGCCTGTTGCAGAAATT
N9下游引物	CCGTTGTGGCATACACATTCAG
N9探针	CACATGGGCCCGAAACATACTAAGAACACA
H9上游引物	GCTGGAATCTGAAGGAACTTACAAA
H9下游引物	AGGCAGCAAACCCCATTG
H9探针	TCCTCACCATTTATTCGACTGTCGCCTC
HPH7上游引物	CAAAGGAGTCTTCTGCTGGCA
HPH7下游引物	TAGGCCTCTCGCAGTCCGT
HPH7探针	CAGGGATGAAGAATGTTCCTGAGGTTCCAA

注:M 和 N8引物探针引自 OIE;R=(AG),Y=(CT),K=(GT),H=(ATC)。

2.实验器材

荧光定量PCR仪、微型瞬时离心机、微量加样器、高速冷冻离心机等。

【实验方法】

1.按照实验2所述方法进行样品准备和病毒RNA提取。

2.参照表1-10-4配制实时荧光RT-PCR反应体系,盖紧盖子并做好标记。加样完成后,充分混匀并瞬时离心,使反应液沉降到PCR管底。

表1-10-4　实时荧光RT-PCR反应液配方

组分	1个检测体系的加入量/μL
2×RT缓冲液	10.0
酶混合液	0.5
上游引物(10 μmol/L)	0.8
下游引物(10 μmol/L)	0.8
探针(10 μmol/L)	0.4
无RNA酶灭菌水	2.5

3.在配好的反应管中分别加入所提取的样本RNA溶液5 μL(500 ng),使每管总体积达到20 μL,记录反应管对应的样品编号。盖紧管盖后,瞬时离心,使反应液沉降到PCR

管底。同时，设置阳性和阴性对照。

4.将PCR管放在荧光定量PCR仪上进行扩增。反应参数为：第一阶段，反转录45 ℃(15 min)；第二阶段，预变性95 ℃(2 min)；第三阶段，95 ℃(15 s)，60 ℃(60 s)，40个循环，在第三阶段每次循环退火延伸时收集荧光。试验结束后，根据收集的荧光曲线和*Ct*值判定结果。

【质控标准】

阴性对照检测无*Ct*值或*Ct*值>35并且无特征性扩增曲线。阳性对照检测出现特征性扩增曲线，且*Ct*值应≤30，则试验成立。如阴性和阳性对照不满足以上条件，此次试验视为无效。

【结果判定】

1.若检测样品的*Ct*值≤30，判为所用引物探针禽流感病毒特定型或亚型核酸阳性。

2.由于禽流感病毒HI具有型的特异性，因此禽流感病毒抗体与禽流感病毒抗原的HA亚型一致时才能出现HI现象，且各亚型间无明显交叉反应。

3.若检测样品的30<*Ct*值≤35，判为所用引物探针禽流感病毒特定型或亚型核酸检测可疑。重复测定后仍在可疑区间的样本判为阳性。

4.若检测样品无*Ct*值或*Ct*值>35，判为阴性。

【注意事项】

1.我国将高致病性禽流感列为一类动物疫病，其病原学诊断必须在国家参考实验室进行。此外，在临床上凡是怀疑是高致病性禽流感，也只能在国家参考实验室进行诊断。

2.虽然HA和HI实验可诊断禽流感，然而在兽医临床上该方法更多用于禽流感抗体水平监测，对于免疫鸡群一般以HI效价在4 log2为免疫保护临界线，高于4 log2表示免疫合格，而低于4 log2则需要尽快加强免疫。根据疫苗抗原亚型及免疫次数的不同，健康家禽免疫后3～4周抗体水平一般应达到6 log2～10 log2，并维持2个月左右。

3.在进行禽流感病毒RT-PCR或实时荧光定量RT-PCR诊断中，对病毒RNA提取及RT-PCR检测应该严格分区操作，避免核酸污染。

【思考题】

1. 如何鉴定禽流感病毒的血清型？

2. 禽流感病毒HA/HI实验以及RT-PCR实验在禽流感诊断中各自的优缺点有哪些？

3. HI结果对禽流感疫苗的免疫接种有何指导价值？

【参考文献】

1. 国家市场监督管理总局. 高致病性禽流感诊断技术(GB/T 18936-2020)[S]. 北京：中国标准出版社，2020.

2. 陈溥言. 兽医传染病学实验指导[M]. 北京：中国农业出版社，2016.

实验11

新城疫的实验室诊断及抗体检测技术

新城疫的实验室诊断包括常规病原学诊断、血清学诊断和分子生物学诊断。依据我国国家标准《新城疫诊断技术》(GB/T 16550-2020)规定:通过病毒分离和抗体检测技术(血凝和血凝抑制试验)相结合的方法可对新城疫进行确诊;另外,反转录聚合酶链式反应(RT-PCR)和实时荧光RT-PCR也可对新城疫进行确诊,并且可以用于区分强弱毒株的感染。本实验参照GB/T 16550-2020,主要介绍新城疫病毒分离鉴定、血凝试验(HA)和血凝抑制试验(HI)、RT-PCR和实时荧光RT-PCR的基本原理和方法。

【实验目的】

1. 了解和掌握实验室诊断新城疫的原理和方法。
2. 掌握鸡新城疫抗体水平检测方法及临床应用。

病毒分离分离鉴定

【实验材料】

1. 实验试剂

灭菌棉拭子、青霉素、链霉素、磷酸盐缓冲液(PBS)等。

2. 实验器材

微量移液器、灭菌研钵、离心管、pH计、台式冷冻离心机、电子天平、1 mL注射器、打孔器、照蛋器、鸡胚孵化箱、振荡器、冰箱、生物安全柜等。

3. 实验样品

待检病禽样本(包括泄殖腔/气管拭子和组织器官病料)、9~11日龄SPF鸡胚。

【实验方法】

1.采集疑似病禽的气管和泄殖腔棉拭子或者脑、肺、心、脾、肾和肝等组织样品，装入无菌采样袋并编号，在-20 ℃条件下冷冻保存。

2.组织样品需要用研钵进行研磨处理，然后按样品:PBS=1:5～1:10（*W/V*）加入含青霉素（2000 U/mL）、链霉素（2 mg/mL）的PBS液（pH7.0～7.4），制成10%～20%的悬液。棉拭子样品则直接放入2.0 mL以上PBS中保存备用。

3.处理好的组织样品，在室温下静置1～2 h，3000 r/min离心5 min，取上清液于-70 ℃冰箱中保存备用。棉拭子样品则需在振荡器上充分混匀，然后将拭子中的液体充分挤压后弃去拭子，室温下静置30 min，3000 r/min离心5 min，取上清液于-70 ℃冰箱中保存备用。

4.取9～11日龄的SPF鸡胚用照蛋器进行照蛋，标记出气室和打孔位置。用消毒后的打孔器在气室顶端和气室下沿无血管处打孔。用1 mL注射器按0.2 mL/枚吸取样品上清液，经尿囊腔接种。接种后，以石蜡封闭小孔，置于37 ℃孵化箱中孵育，每天照蛋一次，观察鸡胚死亡情况。

5.收集18 h以后死亡的、濒死的和96 h后仍存活的鸡胚，置于4 ℃冰箱中4 h或过夜，在无菌条件下采集尿囊液，即完成对病毒的初步分离。

6.按照本实验后续的血凝试验（HA）和血凝抑制试验（HI）、反转录聚合酶链式反应（RT-PCR）和实时荧光定量RT-PCR检测方法对病毒进行鉴定。

【结果判定】

HA试验结果为阳性，说明该病毒具有血凝特性。以抗新城疫病毒阳性血清做HI试验，如发现抗新城疫病毒阳性血清能阻断所分离病毒对红细胞的凝集作用则可证实为新城疫。此外，新城疫病毒反转录聚合酶链式反应（RT-PCR）和实时荧光定量RT-PCR等实验结果阳性，也可判定为新城疫。

新城疫病毒血凝试验（HA）

【实验材料】

1.实验试剂

阿氏液（柠檬酸2.05 g、柠檬酸钠0.8 g、葡萄糖0.055 g、氯化钠0.042 g，加蒸馏水至100 mL，混匀，调节pH至6.1，121 ℃灭菌15 min，4 ℃保存备用），待检尿囊液，新城疫病毒标准阳性抗原，灭菌生理盐水，1%鸡红细胞悬液等。

2. 实验器材

微量移液器、电子天平、96孔V形微量血凝板、微型振荡器。

【实验方法】

1. 1%鸡红细胞的制备

采集至少3只SPF公鸡或无新城疫抗体的非免疫鸡抗凝血(阿氏液为抗凝剂),放入离心管中,加入3~4倍体积的PBS液或灭菌生理盐水混匀,以2000 r/min离心5~10 min。去掉血浆和白细胞层,重复以上过程,反复洗涤3次直到上清液完全透明无色。弃上清液,最后吸取红细胞沉淀用灭菌生理盐水配制成1%(体积分数)的细胞悬液,置于4 ℃条件下保存备用。

2. 倍比稀释抗原或病毒液

按照表1-11-1所示,在V形微量反应板中选择一排,用移液器在1~12孔每孔加入25 μL灭菌生理盐水。吸取25 μL抗原或病毒悬液加入第1孔,吹打3~5次,充分混匀。然后从第1孔吸取25 μL混匀的病毒悬液加到第2孔,混匀后吸取25 μL加到第3孔,依次进行系列倍比稀释到第11孔,最后从第11孔吸取25 μL弃之,设置第12孔为生理盐水对照,不加抗原或病毒悬液。

3. 加入红细胞

每孔补加25 μL灭菌生理盐水,然后再加入25 μL 1%(体积分数)鸡红细胞悬液。

4. 观察结果

将微量反应板在微型振荡器上振荡混匀,室温下放置20~30 min后观察结果。

表1-11-1 新城疫病毒血凝试验

(单位:μL)

孔号	1	2	3	4	5	6	7	8	9	10	11	12
病毒稀释度	1:2	1:4	1:8	1:16	1:32	1:64	1:128	1:256	1:512	1:1024	1:2048	对照
生理盐水	25	25	25	25	25	25	25	25	25	25	25	25
病毒悬液	25	25	25	25	25	25	25	25	25	25	25	弃掉
生理盐水	25	25	25	25	25	25	25	25	25	25	25	25
红细胞悬液	25	25	25	25	25	25	25	25	25	25	25	25

【结果判定】

1.将反应板倾斜,观察红细胞有无呈泪珠样流淌(挂线),只有生理盐水对照组的红细胞显著呈纽扣状沉到孔底,倾斜反应板时出现明显挂线时,试验成立。以完全凝集(无泪珠样流淌)的病毒/抗原最高稀释倍数作为血凝效价,表示1个血凝单位(HAU)。

2.如果没有血凝活性或血凝效价很低,则采用鸡胚对初代分离的尿囊液继续传代两代。若仍为阴性,则判定新城疫病毒阴性。

3.对于血凝试验呈阳性的样品,需要进一步进行血凝抑制试验。

新城疫病毒血凝抑制试验(HI)

【实验材料】

1.实验试剂

4单位的病毒液/抗原(以待检尿囊液、新城疫病毒标准阳性抗原配制),抗新城疫病毒标准阳性血清、阴性血清,灭菌生理盐水,1%鸡红细胞等。

2.实验器材

微量移液器、电子天平、96孔V形微量血凝板、微型振荡器等。

【实验方法】

1.配制4个单位的血凝抗原(4 HAU)

根据HA试验结果配制4 HAU抗原。以引起100%红细胞凝集的病毒最高稀释倍数作为1个血凝单位,4个血凝单位配制方法如下:假设抗原血凝滴度为1∶256,则4个血凝单位为1∶64。稀释时,将1 mL抗原加入63 mL生理盐水中即为4 HAU抗原。

2.稀释血清

按表1-11-2所示,在96孔反应板中选择1排,第1~11孔每孔加入25 μL生理盐水,第12孔加入50 μL生理盐水。第1孔加入25 μL新城疫病毒阳性血清,充分混匀后转移25 μL至第2孔,依次倍比稀释至第10孔,第10孔弃去25 μL,第11孔作为抗原对照,第12孔作为阴性PBS对照。

3.加入抗原

在第1~11孔各加入25 μL 4 HAU抗原,轻晃反应板或振荡15 s,使反应物混合均匀,室温下静置20 min以上,或4 ℃条件下静置60 min以上。

表 1-11-2　新城疫病毒血凝抑制试验

（单位：μL）

孔号	1	2	3	4	5	6	7	8	9	10	11	12
血清稀释度	1:2	1:4	1:8	1:16	1:32	1:64	1:128	1:256	1:512	1:1024	阳性对照	阴性对照
生理盐水	25	25	25	25	25	25	25	25	25	25	25	50
阳性血清	25	25	25	25	25	25	25	25	25	25	弃掉	
4 HAU病毒	25	25	25	25	25	25	25	25	25	25	25	
红细胞悬液	25	25	25	25	25	25	25	25	25	25	25	25

4.加入红细胞

每孔加入25 μL1%鸡红细胞悬液，轻晃或振荡混匀，室温下静置20～40 min，若环境温度太高，置于4 ℃条件下静置40～60 min。当生理盐水阴性对照孔红细胞呈明显纽扣状沉到孔底时判定结果。每次测定时还应设置已知效价的标准阳性血清和阴性血清作对照。

【结果判定】

1.完全抑制4单位血凝抗原对红细胞凝集作用的最高血清稀释倍数为血凝抑制效价，确定血凝时倾斜反应板。只有与阴性对照孔红细胞流淌相同的孔才可判定为抑制。

2.当阴性血清对照孔血清效价≤2log2，阳性血清对照孔血清效价与标定效价相差≤1个滴度，红细胞对照无自凝现象时，试验结果有效。

3.用于检测鸡血清抗体时，HI效价≤3log2，判为HI试验阴性；HI效价≥4 log2，判为HI试验阳性。用于检测抗原，能够被新城疫病毒标准血清抗体抑制，HI效价≥1:16（或4log2）时，判定为新城疫病毒阳性；HI抗体效价≤1:8（或3log2）判为阴性。

反转录聚合酶链式反应（RT-PCR）

【实验材料】

1.实验试剂

灭活的新城疫强毒感染鸡胚尿囊液（阳性对照）、SPF鸡胚尿囊液（阴性对照）、RNA提取试剂Trizol、三氯甲烷、异丙醇、75%乙醇、RT-PCR相关试剂、2000 bp DNA Marker、不含RNA酶的DEPC水（其中RNA提取和RNA反转录也可使用相关的商品化试剂盒）。

2. 实验器材

PCR仪、高速台式冷冻离心机、生物安全柜、水浴锅、组织匀浆器、电泳仪、电泳槽、紫外凝胶成像仪、微量移液器、无RNA酶的离心管、PCR管及枪头、生物安全柜等。

【实验方法】

1. 取200 μL经研磨和离心的待测样本上清液提取RNA。

2. RNA提取应在样品制备区，尽量避免核酸污染和RNA酶污染，同时设立阳性对照和阴性对照。

3. 在无RNA酶的1.5 mL离心管中加入200 μL上清液，加入1 mL Trizol，振荡20 s，室温下静置10 min；加入200 μL三氯甲烷，颠倒混匀，室温下放置10 min，以12000 r/min离心15 min；管内液体分为三层，取最上层500 μL于离心管中，加入500 μL预冷异丙醇，颠倒混匀，静置10 min。

4. 以12000 r/min离心15 min沉淀RNA，弃去所有液体。

5. 加入700 μL预冷的75%乙醇洗涤，颠倒混匀2～3次，以12000 r/min离心10 min。

6. 将水浴锅调至60 ℃，沉淀于室温下干燥10 min；加入40 μL DEPC水，在60 ℃下充分溶解RNA，-70 ℃条件下保存备用或立即使用。

7. 参照表1-11-3配制RT-PCR反应体系，同时设立阴性和阳性对照（分别单独加阴性和阳性样本RNA），充分混匀，瞬时离心。

表1-11-3　新城疫病毒RT-PCR反应体系（引自GB/T 16550-2020）

试剂	体积/μL
无RNA酶灭菌水	13.6
10×缓冲液	2.5
dNTPs	2
RNA酶抑制剂（40 U/μL）	0.5
AMV反转录酶（5 U/μL）	0.7
Taq酶（5 U/μL）	0.7
上游引物P1（20 μmol/ L）	1
下游引物P2（20 μmol/ L）	1
模板RNA	3
总计	25

注：P1序列为5'-ATGGGCYCCAGAYCTTCTAC-3'，P2序列为5'-CTGCCACTGCTAGTTGTGATAATCC-3'，Y为兼并碱基（Y：C/T）。

8. RT-PCR扩增。按照以下反应条件进行设置：反转录阶段，42 ℃ 30 min；预变性阶段，95℃ 3 min；循环阶段，94℃ 30 s，55℃ 30 s，72℃ 45 s，30个循环；终延伸阶段，72℃ 7 min。最后的RT-PCR产物置于4 ℃条件下保存。

9. 电泳。制备1.5%琼脂糖凝胶板，取5 μL PCR产物与0.5 μL 10×加样缓冲液混匀，加入琼脂糖凝胶加样孔中，同时在另一孔加入DNA Marker。将凝胶放入盛有电泳液的电泳仪中，使加样孔侧对着负极，插好电极后，按照5 V/cm电压进行电泳，时间为30～40 min。电泳完毕后，在紫外灯下观察结果，并通过DNA Marker辅助判断PCR片段大小。

【结果判定】

1. 当待检样本出现535 bp大小的目的片段（与阳性对照大小相符），而阴性对照无目的片段出现时，方可判定为新城疫病毒阳性。

2. 对于扩增到的目的片段，需进一步进行DNA测序，从分子水平确定其致病性强弱。

实时荧光RT-PCR

【实验材料】

1. 实验试剂

RNA提取试剂Trizol、三氯甲烷、异丙醇、75%乙醇、引物、探针等。

2. 实验器材

荧光定量PCR仪、微型瞬时离心机、0.2 mL八联管、微量加样器、高速冷冻离心机。

【实验方法】

1. 按照实验3所述方法进行样品准备和病毒RNA提取。

2. 参照表1-11-4配制实时荧光RT-PCR反应体系，盖紧盖子并做好标记。加样完成后，充分混匀并瞬时离心，使反应液沉降到PCR管底。同时设置阳性和阴性对照。

表1-11-4　新城疫病毒荧光RT-PCR反应体系（引自GB/T 16550-2020）

试剂	体积/μL
DEPC水	6
2×反应混合液	10

续表

试剂	体积/μL
正向引物NDV-Ⅱa(20 μmol/L)	0.5
反向引物NDV-Ⅱb(20 μmol/L)	0.5
探针NDV-Ⅱp(10 μmol/L)	0.5
RT/Taq Mix	0.5
模板RNA	2
总计	20

注：NDV-Ⅱa序列为5'-CTCAGACAGGGTCAATCATAGT-3'，NDV-Ⅱb序列为5'-GCAACCCCAAGAGCTACA-3'，探针NDV-Ⅱp序列为5'-ATRAAGCGTTTYTGYCT CCTTCCTCC-3'；探针5'端连接FAM荧光基团，3'端连接BHQ-1淬灭基团；R、Y为简并碱基(R:A/G；Y:C/T)。

3.将PCR管放在荧光定量PCR仪上进行扩增，反应条件为：50 ℃反转录30 min；95 ℃预变性3 min，94℃变性15 s，59 ℃退火1 min，共进行45个循环，每次循环在59 ℃退火时收集信号。

【质控标准】

1.阳性对照扩增曲线呈标准S形曲线，且*Ct*值≤30。

2.阴性对照无*Ct*值，且无扩增曲线。

【结果判定】

1.样品无*Ct*值或*Ct*值>38且无标准扩增曲线，判为阴性。

2.样品*Ct*值≤35，且出现标准S形扩增曲线，判为阳性。

3. 35<样品*Ct*值≤38，且扩增曲线呈标准S形曲线，判为可疑，需重复检测。如重复后仍为可疑，判为阳性，否则判为阴性。

【注意事项】

1.在进行HA和HI实验时，吸取或添加不同样品时，应注意更换枪头，在吸取红细胞之前应轻轻混匀，同时加红细胞过程中需要不断随时轻轻混匀。

2.HA和HI实验可诊断鸡新城疫。对于非免疫鸡群，如HI抗体阳性，说明有新城疫野毒感染。然而，在兽医临床上该方法更多用于新城疫抗体水平监测，对于免疫鸡群一般以HI效价在4 log2为免疫保护临界线，高于4 log2表示免疫合格，低于4 log2则需要尽快加强免疫。

【思考题】

1. 新城疫实验室诊断的技术和方法有哪些？

2. 新城疫抗体诊断技术与分子生物学诊断技术各自的优缺点有哪些？

3. HI结果对新城疫疫苗免疫接种有何指导价值？

【参考文献】

1. 刘秀梵，王志亮．新城疫[M]. 北京：中国农业出版社，2015.

2. 国家市场监督管理总局，中国国家标准化管理委员会．新城疫诊断技术 GB/T 16550-2020[S]. 北京：中国标准出版社，2020.

3. 陈溥言．兽医传染病学实验指导[M]. 北京：中国农业出版社，2016.

实验12

猪瘟的实验室诊断及抗体检测技术

猪瘟是由猪瘟病毒(CSFV)感染猪引起的一种高度接触性致死性传染性疾病,被世界动物卫生组织(OIE)列为必须报告的疫病,我国将其定为一类动物疫病。依据我国现行的国家标准《猪瘟诊断技术》(GB/T 16551-2020)规定:猪瘟的实验室病原学诊断方法包括病毒分离鉴定、免疫荧光抗体试验(FAT)、免疫过氧化酶试验(IPT)、反转录-套式聚合酶链式反应(RT-nPCR)和实时荧光RT-PCR检测等;实验室抗体检测方法有猪瘟病毒中和试验、阻断ELISA、间接ELISA和化学发光抗体检测等。本实验参考上述国家标准,仅介绍猪瘟病毒分离鉴定、免疫荧光抗体试验、RT-nPCR检测以及猪瘟抗体间接ELISA检测等实验室诊断方法。

【实验目的】

掌握猪瘟病毒分离鉴定、免疫荧光抗体试验、RT-nPCR检测以及猪瘟抗体间接ELISA检测等诊断方法的操作步骤与结果判定。

猪瘟病毒分离与鉴定试验

【实验材料】

1.实验试剂

PBS缓冲液、胰酶液、MEM培养基、双抗储存液(100×)、细胞生长液[含5%胎牛血清(FBS)和1 mL双抗储存液]、病毒维持液[含2%胎牛血清(FBS)和1 mL双抗储存液]、固定液(甲醇和丙酮1:1混合)、抗体稀释液、阳性对照(猪瘟兔化弱毒疫苗C株,病毒滴度为$10^{5.0}$ $TCID_{50}$/0.1 mL)、阴性对照(PK-15细胞培养上清液)、2% NaOH消毒液等。

2. 实验器材

研钵或组织匀浆器、25 cm^2 细胞培养瓶、24孔细胞培养板、二氧化碳培养箱、剪刀、镊子、离心机、倒置荧光显微镜、细胞片、微量移液器(200 μL和1000 μL)及配套枪头、一次性针式滤器(0.45 μm和0.22 μm)。

3. 实验样品

待检猪组织样品(扁桃体、脾脏、肾脏等),PK-15细胞或对病毒敏感性不低于PK-15细胞的猪肾和猪睾丸传代细胞系。

【实验方法】

1. 细胞的制备

分离病毒前24~36 h制备细胞。将处于对数生长期的PK-15单层细胞用胰酶消化分散后,1500 r/min离心5 min,再用细胞生长液重悬细胞,采用细胞计数器计数,将细胞浓度调至2×10^6个/mL,备用。

2. 样品的准备

取1 g待检猪组织样品(扁桃体、脾脏、肾脏等)剪碎后置于无菌离心管中,再向管中加入1 mL无菌MEM培养液(含2%双抗)。在2~8 ℃下进行匀浆,所得匀浆液8000 r/min离心5 min,收集上清液。对于抗凝血全血样本,直接分装于无菌离心管中,4 ℃下8000 r/min离心5 min,收集上清液。上清液用0.45 μm一次性针式过滤器过滤,所得的滤出液用于后续的接毒。

3. 病毒接种和培养

按照细胞悬液比病料悬液为9∶1混合,取5 mL混合液接种于细胞培养瓶中,同时接种24孔细胞培养板2孔,0.5 mL/孔。同时在24孔细胞培养板上接种2孔猪瘟兔化弱毒苗C猪细胞毒作为阳性对照(9份细胞悬液和1份细胞毒)和2孔PK-15细胞培养上清液作为阴性对照(9份细胞悬液和1份细胞培养上清液),0.5 mL/孔。操作时一定要避免交叉污染。接种完待检样本后,做好标记,将细胞培养瓶(板)置于含有5%CO_2的培养箱中,于37 ℃条件下培养。

4. 病毒固定及检测

病毒接种后72 h,取出细胞培养板,吸出孔中液体用2% NaOH溶液进行灭活。用PBS缓冲液漂洗3次,放在通风橱下干燥5 min,用-20 ℃预冷的固定液固定30 min以上。弃去固定液,PBS缓冲液漂洗3次。采用FAT或IPT试验进行检测。

5.病毒传代及扩大培养

如需对病毒阳性样本进行扩大培养，可将接种样本的细胞瓶经反复冻融3次后收集液体，5000 g离心5 min，收集上清液，即为F_1病毒细胞培养物。再次将其传代细胞进行扩大培养。

【结果判定】

采用FAT或IPT的操作过程进行染色、镜检，并判断结果。

免疫荧光抗体试验

【实验材料】

1.实验试剂

FITC标记的猪瘟抗体（直接法）、猪瘟抗体和FITC标记的二抗（间接法）、PBS缓冲液（0.01 mol/L，pH 7.2）、碳酸盐缓冲液（将0.5 mol/L Na_2CO_3和$NaHCO_3$按1∶3混合即可）、碳酸盐-甘油缓冲液（甘油与碳酸盐缓冲液按9∶1混合）、丙酮、固定液（甲醇∶丙酮=1∶1）。

2.实验器材

倒置荧光显微镜、冷冻切片机、恒温培养箱、湿盒、微量移液枪（200 μL和1000 μL）及配套枪头、载玻片、盖玻片等。

3.实验样品

病死猪组织或细胞培养物。

【实验方法】

1.取样

取病死猪的扁桃体、淋巴结、脾脏、肾脏等病料组织置于冰箱内待检，同时取阳性和阴性组织样品作为对照。

2.样品处理

在实验室内将样品组织块修剪出约1 cm×1 cm×0.5 cm的小块，不经任何固定处理，用冷冻包埋剂包埋或加上蒸馏水置于冰盒中，让组织块在冰盒中冷冻。

3.制作组织切片

(1)切片:用冰冻切片机将组织块切成4 μm以下切片,粘于洁净的载玻片上,空气中自然干燥。每个样本应做3个重复切片。

(2)固定:在室温下放入预冷的纯丙酮中固定5~10 min。

(3)浸润:将切片取出并置于PBS中浸润片刻,用吸水纸去除多余水分后放在湿盒的架子上待染色。

4.荧光抗体染色

(1)直接法染色。

A.滴加2~3滴FITC标记的猪瘟抗体(工作浓度)到切片上,以覆盖为度。

B.将切片放入密闭湿盒中,37 ℃条件下作用30 min。

C.用PBS冲洗,洗涤3次,3 min/次。

(2)间接法染色。

A.滴加2~3滴猪瘟抗体(工作浓度)到切片上,以覆盖为度。

B.置于密闭湿盒中,37 ℃条件下作用1 h。

C.用PBS冲洗,洗涤3次,3 min/次。

D.再滴加2~3滴FITC标记的二抗(工作浓度)到切片上。

E.将切片放入密闭湿盒中,37 ℃条件下作用30 min。

F.用PBS冲洗,洗涤3次,3 min/次。

5.封片及结果观察

切片自然干燥后,于组织样本表面滴加碳酸盐-甘油缓冲液封片,置于倒置荧光显微镜下观察结果。

【结果判定】

1.试验成立条件

当猪瘟阳性对照切片细胞胞浆内呈现亮绿或黄绿色荧光,猪瘟阴性对照切片细胞浆内无亮绿色荧光,则试验结果成立。

2.结果判断

在试验结果成立的前提条件下,待检样品细胞浆内出现亮绿或黄绿色荧光,则判定为猪瘟阳性;待检样品细胞浆内无绿色荧光,则判定为阴性;待检样品细胞浆内呈现弱的黄绿色荧光的样品判为可疑。对于可疑结果,经过重复试验,细胞浆内仍呈现弱的黄绿色荧光可判为阳性。

【注意事项】

1. 荧光染色后一般在1 h内完成观察，或于4 ℃条件下保存4 h。时间过长，可能会使荧光提前衰退。

2. 每次试验均需设置以下三种对照：(1)阳性对照，阳性血清+荧光标记物；(2)阴性对照，阴性血清+荧光标记物；(3) 荧光标记物对照，PBS+荧光标记物。

3. 每份待检样本至少3个重复切片。

猪瘟病毒RT-nPCR检测

【实验材料】

1. 实验试剂

Trizol、氯仿、异丙醇、75%乙醇、DEPC水、M-MLV反转录酶(200 U/μL)、5×M-MLV缓冲液、RNA酶抑制剂(40 U/μL)、ExTaq DNA聚合酶、10×ExTaq缓冲液(Mg^{2+} Plus)、6碱基随机引物(50 μmol/L)、dNTPs(2.5 mmol/L/ dNTPs)、阳性对照(猪瘟兔化弱毒疫苗、灭活的猪瘟病毒或已知的阳性样品)、ddH_2O、6× DNA上样缓冲液、DL2000 DNA Marker、TAE电泳缓冲液、1%琼脂糖凝胶、溴化乙锭或GoldView核酸染料。实验用猪瘟病毒RT-nPCR检测的引物及其序列见表1-12-1。

表1-12-1　猪瘟病毒RT-nPCR引物(引自GB/T 36875-2018)

引物名称	引物序列(5'—3')	扩增片段长度/bp
外套上游引物	AGRCCAGACTGGTGGCCNTAYGA	671
外套下游引物	TTYACCACTTCTGTTCTCA	
内套上游引物	TCRWCAACCAAYGAGATAGGG	272
内套下游引物	CACAGYCCRAAYCCRAAGTCATC	

注：R(A/G)，Y(C/T)，N(A/T/C/G)，W(A/T)；引物使用时用DEPC水将其稀释至10 μmol/L。

2. 实验器材

二级生物安全柜、台式冷冻高速离心机、冰箱(4 ℃和-20 ℃)、分析天平、PCR仪、稳压稳流电泳仪、水平电泳槽、凝胶成像仪、微量移液器及配套枪头、无RNA酶污染的EP管及PCR反应管、组织研磨器、漩涡振荡器、微波炉、扁桃体采样器等。

【实验方法】

1.样品采集及处理

采取病猪的扁桃体、脾脏、淋巴结等组织，置于组织研磨器，剪碎，加入5倍体积4 ℃预冷的DEPC水，充分研磨，3000×g离心15 min，取上清液转入无RNA酶污染的离心管中用于核酸提取。细胞培养物则反复冻融3次后转入无RNA酶污染的离心管中用于后续核酸提取。

2.核酸提取

采用Trizol法进行样品总RNA提取，同时以猪瘟兔化弱毒苗、灭活的猪瘟病毒或已知的阳性样品作为阳性对照，以DEPC水为阴性对照进行RNA提取。具体步骤如下：

(1)取待检样品、阳性对照和阴性对照各250 μL置于1.5 mL离心管中，加入Trizol，750 μL/管，充分混匀，静置10 min；

(2)加氯仿，200 μL/管，振荡混匀5 s，于4 ℃下13000×g离心15 min；

(3)轻轻吸取400 μL上清液转至新的1.5 mL无RNA酶离心管(注意不要吸到中间层)中，加入等量预冷的异丙醇，颠倒数次混匀，-20 ℃条件下静置20 min。

(4)4 ℃条件下13000×g离心15min，小心弃去上清液，加75%乙醇(用DEPC水配制)，颠倒洗涤沉淀；

(5) 4 ℃条件下8000×g离心6 min，小心弃去上清液，沉淀于室温下干燥10~15 min；

(6)加入20 μL DEPC水溶解RNA，所得RNA应在2 h内进行反转录，否则冻存于-80 ℃冰箱中。

3.反转录

以随机引物为反转录引物，建立如下反转录体系以制备cDNA(表1-12-2)。

表1-12-2　反转录体体系

试剂	体积/μL
dNTPs(2.5 mmol/L/ dNTPs)	4.0
随机引物(50 μmol/L)	1.5
5×M-MLV缓冲液	4.0
M-MLV反转录酶(200 U/μL)	1.0
RNA酶抑制剂(40 U/μL)	1.0
总RNA	8.5
总计	20

配制好体系后，瞬时离心混匀，将其放入PCR仪中，42 ℃反应1.5 h，95 ℃反应5 min，于4 ℃条件下保存。

4. 外套PCR

构建如下外套PCR反应体系（表1-12-3）。

表1-12-3　PCR反应体系

试剂	体积/μL
ddH_2O	36.7
10×*Ex*Taq缓冲液（Mg^{2+} Plus）	5.0
外套上游引物（10 μmol/L）	1.0
外套下游引物（10 μmol/L）	1.0
dNTPs（2.5 mmol/L/ dNTPs）	4.0
*Ex*Taq DNA聚合酶	0.3
cDNA	2.0
总计	50

配制好外套PCR反应体系后，瞬时离心混匀，将其放入PCR仪中，设置反应程序为：95 ℃预变性5 min；95 ℃变性45 s，55 ℃退火1 min，72 ℃延伸1 min，35个循环；最后72 ℃总延伸7 min，于4 ℃条件下保存。

5. 内套PCR

取2 μL外套PCR产物作为模板进行内套PCR，构建如下内套PCR反应体系（表1-12-4）。

表1-12-4　PCR反应体系

试剂	体积/μL
ddH_2O	36.7
10×*Ex*Taq缓冲液（Mg^{2+} Plus）	5.0
内套上游引物（10 μmol/L）	1.0
内套下游引物（10 μmol/L）	1.0
dNTPs（2.5 mmol/L/ dNTPs）	4.0
*Ex*Taq DNA聚合酶	0.3
外套PCR产物	2.0
总计	50

配制好内套PCR反应体系后，瞬时离心混匀，将其放入PCR仪中，设置反应程序为：95 ℃预变性5 min；95 ℃变性45 s，55 ℃退火1 min，72 ℃延伸45 s，35个循环；最后72 ℃总延伸7 min，于4 ℃条件下保存。

6.电泳检测

取5 μL内套PCR产物与1 μL 6×DNA上样缓冲液混匀后，点样于1%琼脂糖凝胶孔中进行电泳（设阳性和阴性样品扩增对照），在凝胶合适位置点样DL2000 DNA Marker作为参照，120 V电泳30 min。电泳后，在凝胶成像仪观察并拍照保存结果。

【结果判定】

1.试验成立条件

当阳性对照的内套PCR扩增出大小为272 bp的特异性条带，阴性对照无扩增条带时，试验成立。

2.结果判断

在试验成立的前提下，待检样品出现272 bp大小的条带时，判定为猪瘟病毒核酸检测阳性，否则为阴性。

猪瘟抗体间接ELISA试验

【实验材料】

1.实验试剂

包被液（碳酸钠1.0 g和碳酸氢钠3.0 g，溶于1 L水中，pH 9.4~9.6），磷酸盐缓冲液（0.25 g $Na_2HPO_4 \cdot 12H_2O$、3.5 g $NaH_2PO_4 \cdot 2H_2O$和8.5 g NaCl，溶于800 mL水，调pH为7.2~7.6，定容至1 L），封闭液（3.0 g牛血清白蛋白，溶于100 mL磷酸盐缓冲液），20×浓缩洗涤液（5.0 g $Na_2HPO_4 \cdot 12H_2O$、70.0 g $NaH_2PO_4 \cdot 2H_2O$和170.0 g NaCl，16.0 mL吐温-20，加水800 mL，调pH为7.4~7.6，定容至1 L），稀释液（5.0 mL马血清溶于95.0 mL磷酸盐缓冲液），底物液A（200.0 g TMB，100 mL无水乙醇，加水至1 L），底物液B[14.6 g $Na_2HPO_4 \cdot 12H_2O$，柠檬酸9.33 g，6.4mL过氧化脲（0.75%），加水至1 L，调pH至5.0~5.4]，终止液[去离子水与浓盐酸（36%~38%）以9∶1混合即可]，猪瘟病毒E2蛋白，标准阳性血清（猪瘟疫苗免疫仔猪制备，荧光抗体病毒中和试验检测中和抗体效价≥1∶20480），标准阴性血清（无母源抗体、未免疫猪瘟疫苗的仔猪血清），酶结合物（商品化的HRP标记的抗猪IgG抗体）。

2. 实验器材

96孔酶标板、96孔U形血清稀释板、微量移液器及配套枪头、恒温培养箱、湿盒、多道移液器(200 μL)、洗板机、酶标仪、封板膜、吸水纸、一次性注射器(5~10 mL)等。

【实验方法】

1. 血清样本的采集及处理

用无菌注射器进行前腔静脉或耳静脉血的采集,每头猪采血不少于2 mL。将采集的血液沿管壁轻轻注入离心管,室温下静置于斜面2 h,待血液自然凝固后,置于2~8 ℃冰箱中2 h以上。4000 r/min离心10 min,吸出上层血清用于ELISA检测。

2. ELISA操作步骤

(1)包被。

用包被液将猪瘟病毒E2蛋白稀释至0.25 μg/mL,加入酶标板中,2~8 ℃包被16 h。包被结束后,弃去孔中液体,用1×洗涤液洗板,300 μL/孔,洗涤一次。

(2)封闭。

加入新鲜配制的封闭液,300 μL/孔,2~8 ℃封闭24 h。封闭结束后,弃去孔中液体,用1×洗涤液洗板,300 μL/孔,洗涤一次,即为抗原包被板。

(3)加稀释液。

进行血清检测时,向抗原包被板中加入稀释液,50 μL/孔。

(4)血清的稀释和加样。

在血清稀释板中,将标准阳性、阴性血清及待检血清分别进行1∶50稀释后,按顺序加入抗原包被板中,50 μL/孔,其中标准阳性及阴性血清各加2孔。充分混匀后,置于恒温箱中37 ℃反应30 min。

(5)洗涤。

弃去酶标板孔内的液体,加入洗涤液,300 μL/孔,室温下放置3 min,弃去洗涤液,再重新加入洗涤液,连续洗涤3次,最后一次弃去洗涤液后,在吸水纸上拍干酶标板。

(6)加酶结合物和孵育。

将用稀释液稀释至工作浓度的酶结合物加入酶标板中,100 μL/孔。充分混匀后,置于恒温箱中37 ℃反应30 min。

(7)洗涤。

同步骤(5)。

(8)加底物和显色。

每孔加入新配制的底物溶液(A液和B液的等体积混合液),100 μL/孔。室温下避光显色10 min。

(9)终止反应。

每孔加入100 μL终止液,混匀。

(10)测定OD值。

用酶标仪在450 nm波长处测定每孔的光吸收值($OD_{450\ nm}$值),并以620 nm或650 nm作为背景参考波长,以去除背景值,该步骤在15 min内完成。样本OD值=$OD_{450\ nm}-OD_{620\ nm/650\ nm}$

(11)结果计算。

阴性对照平均值计算方法如下:

$$\overline{N}=\frac{(N_1+N_2)}{2}\cdots\cdots\cdots\cdots①$$

式中:

$\overline{N}$—阴性对照孔平均值;

N_1—阴性对照孔1的OD值;

N_2—阴性对照孔2的OD值。

阳性对照平均值计算方法如下:

$$\overline{P}=\frac{(P_1+P_2)}{2}\cdots\cdots\cdots\cdots②$$

式中:

$\overline{P}$—阳性对照孔平均值;

P_1—阳性对照孔1的OD值;

P_2—阳性对照孔2的OD值。

阳性率计算方法如下:

$$IE=\frac{S}{\overline{P}}\times100\%\cdots\cdots\cdots\cdots③$$

式中:

IE—阳性率;

S—样本OD值;

$\overline{P}$—阳性对照孔平均值。

【结果判定】

1. 试验成立条件

当标准阳性对照样本OD值在1~3.5范围内，标准阴性对照*IE*值≤8%时，试验成立。

2. 结果判断

在试验成立前提下，当待检血清样本的*IE*值≥10%时，判定为猪瘟抗体阳性；当待检血清样本的*IE*值≤8%时，判定为阴性；当8%＜待检血清样本*IE*值＜10%时，判定为可疑。可疑结果可在数日后重新采样检测，若结果仍在可疑范围，判定为阴性。

【注意事项】

1. 所有操作应严格遵守生物安全规定。

2. 用于加样的移液器应进行校准，以免误差过大影响检测结果。

3. 20×浓缩洗涤液在低温保存时可能会产生白色结晶，应加热使其溶解后再使用。

4. 底物溶液和终止液对眼睛、皮肤以及呼吸道有刺激作用，使用过程中应穿戴相应的防护用具，防止接触和吸入。

5. 所有试剂一律于2~8 ℃条件下保存，使用前恢复至室温。

6. 血清稀释板只能使用一次，没用完的血清稀释板应将用过的孔充分洗涤拍干，并进行标记，避免下次检测时发生混淆。在进行多板检测时，反应板不能叠放在37 ℃温箱中，以免导致各反应板受热不均。

【思考题】

1. 请列举常用的猪瘟实验室诊断技术并分析其优缺点。

2. 请阐述疑似发生猪瘟后如何准确进行确诊。

参考文献

1. 邬向东，李林. 动物医学专业实训教程 [M]. 北京：中国农业大学出版社，2018.

2. 国家市场监督管理总局，中国国家标准化管理委员会. 猪瘟诊断技术 GB/T 16551-2020 [S]. 北京：中国标准出版社，2020.

3. 国家市场监督管理总局，中国国家标准化管理委员会. 猪瘟病毒RT-nPCR检测方法 GB/T 36875-2018 [S]. 北京：中国标准出版社，2018.

4. 中华人民共和国国家质量监督检验检疫总局，中国国家标准化管理委员会. 猪瘟抗体间接ELISA检测方法 GB/T 35906-2018 [S]. 北京：中国标准出版社，2018.

实验13

猪繁殖与呼吸综合征的实验室诊断

猪繁殖与呼吸综合征是由猪繁殖与呼吸综合征病毒(PRRSV)引起的一种以母猪繁殖障碍、仔猪和育肥猪呼吸道症状为特征的急性、高度接触性传染病。现行的国家标准《猪繁殖与呼吸综合征诊断方法》(GB/T 18090-2008)和《猪繁殖与呼吸综合征病毒荧光RT-PCR检测方法》(GB/T 35912-2018),规定了PRRSV的病毒分离与鉴定、免疫过氧化物酶单层试验(IPMA)、间接免疫荧光试验(IFA)、反转录-聚合酶链反应试验(RT-PCR)、荧光RT-PCR和间接酶联免疫吸附试验(间接ELISA)等实验室诊断方法。本实验参照上述国家标准主要介绍PRRSV的分离与鉴定、RT-PCR、荧光RT-PCR和间接ELISA等试验。

【实验目的】

了解和掌握猪繁殖与呼吸综合征病毒的分离与鉴定、RT-PCR、荧光RT-PCR和间接ELISA操作技术及结果判定标准。

病毒的分离与鉴定

【实验材料】

1. 实验试剂

猪原代肺泡巨噬细胞(PAM)或猴肾细胞(Marc-145)、RPMI 1640细胞培养液、MEM细胞培养液、犊牛血清、青霉素(10000 IU/mL)、链霉素(10000 μg/mL)、7.5%碳酸氢钠溶液等。

2. 实验器材

剪刀、镊子、研钵、二氧化碳培养箱、普通冰箱及超低温冰箱、倒置显微镜、恒温水浴箱、离心机及离心管、96孔细胞培养板、微量移液器及配套枪头、组织研磨器、过滤器及0.22 μm滤膜等。

【实验方法】

1.样品采集及制备

无菌采集发病/病死猪扁桃体、肺、淋巴结和脾等组织，血清或腹水。采集的样品应保存于冰盒内立即送检。不能立即检测的应存放于-80 ℃冰箱中。其中，血清和腹水可直接检测。扁桃体、肺、淋巴结和脾等组织可单独检测，也可混合检测。将组织剪碎后用组织研磨器进行充分研磨，加入RPMI 1640制成10%组织悬液，3000 r/min离心15 min，收集上清液，加入青霉素（终浓度为500 IU/mL）、链霉素（终浓度为500 μg/mL）、庆大霉素（终浓度为500 μg/mL）、两性霉素B（终浓度为200 μg/mL）。如怀疑有细菌污染的样品，可用0.22 μm滤膜过滤除菌。

2.细胞准备

可使用PAM细胞或Marc-145细胞分离PRRSV，其中PAM是分离PRRSV的首选细胞，其制备方法：取SPF猪或无PRRSV感染猪（6周龄~8周龄）肺，切勿划破被膜。每次用约200 mL PBS从气管灌入肺，挤压灌洗3~4次，收集灌洗液，1000 r/min离心10 min，弃上清液，沉淀物用50 mL PBS再悬浮，离心洗涤2 ~3次。最后用50 mL细胞生长液悬浮细胞沉淀，计数巨噬细胞后立即使用或定量分装后冻存。

将PAM用RPMI1640（含犊牛血清5%、青霉素100 IU/mL、链霉素100 μg/mL、庆大霉素50 μg/mL、两性霉素B 10 pg/mL，pH7.2）稀释细胞至终浓度为$1×10^6$个/mL。或将Marc-145细胞用MEM稀释，使细胞终浓度为$5×10^4$个/mL，加入96孔细胞培养板中，100 μL/孔。

3.样品稀释

在空白的96孔细胞培养板中加入细胞培养液RPMI 1640，90 μL/孔。在A排和E排各孔内分别加入样品，10 μL/孔，轻轻摇动混匀，即将样品进行1∶10稀释。从A排和E排各取10 μL移入B排和F排孔内，轻轻摇动混匀，即将样品进行1∶100稀释。从B排和F排各取10 μL移入C排和G排孔内，轻轻摇动混匀，即将样品进行1∶1000稀释。从C排和G排各取10 μL移入D排和H排孔内，轻轻摇动混匀，即将样品进行1∶10000稀释。每个培养板应设置空白对照。振动稀释板后加盖，置于4 ℃冰箱中保存备用。

4.样品接种

将上述稀释板中的稀释样品对应接种于PAM细胞或Marc-145细胞培养板（第一代）中，50 μL/孔，将细胞培养板放入37 ℃、5%CO_2培养箱中培养。每天观察细胞病变效应

(CPE),连续观察2~5 d。

5.培养物盲传

在第一代细胞接毒培养2 d后,无论有无CPE,一律将每孔内细胞液取25 μL,整板移入新制备的细胞板对应孔内。放入37 ℃、5%CO_2培养箱中培养2~5 d,每天观察CPE。

【结果判定】

初次接种样品和盲传后都出现CPE或盲传后出现CPE,主要呈现细胞圆缩、聚集、固缩、最后细胞溶解脱落,可初步认为待检样品可能含PRRSV。在细胞培养物盲传结束后,无论是否出现CPE,对所有的孔应进行后续试验并进行终判,如IPMA、IFA、RT-PCR或荧光RT-PCR,如利用上述试验检测为阳性,则可认定PRRSV分离阳性。

RT-PCR检测

【实验材料】

1.实验试剂

PBS液(0.01 mol/L,pH 7.4),Trizol,氯仿,异丙醇,75%乙醇,DEPC水,M-MLV反转录酶(10 U/μL),5×RT缓冲液,RNA酶制剂(40 U/μL),Taq酶(10 U/μL),10×PCR缓冲液(含Mg^{2+}),dNTPs(含dATP、dTTP、dCTP、dGTP各10 mmol/L),甘油和矿物油,0.5×TBE缓冲液,6×DNA上样缓冲液,1%琼脂糖凝胶,DL2000 DNA Marker,GoldView核酸染料,引物(上游引物P1:5'-GCGGATCCATGCCAAATAACAAC-3';下游引物P2:5'-AGCTCGAGTCATGCTGAGGGTGA-3'),PRRSV阳性对照(非感染性体外转录RNA),阴性对照(健康猪的组织材料)。

2.实验器材

棉拭子、手术刀、剪刀、镊子、注射器、真空采血管、PCR仪、高速台式冷冻离心机、高压灭菌锅、旋涡振荡器、稳压稳流电泳仪、水平电泳槽、凝胶成像仪、冰箱(2~8 ℃和-20 ℃两种)、微量移液器及配套无RNA酶污染带滤芯枪头、EP管、PCR管等。

【实验方法】

1.待检样品准备

可采集血清样品,公猪精液,口腔拭子,肺灌洗液,组织样品(肺脏、淋巴结、扁桃体、脾脏等组织）和细胞培养物。其中，血清和精液无须进行前处理，直接用于后续的核酸提取。口腔拭子样品则在样品管中加入500 μL无菌PBS，在旋涡振荡器上振荡1 min，反复挤压拭子后弃去拭子，离心（3000 r/min，5 min），取上清液用于核酸提取。对于肺脏，可根据肺脏/肺叶大小，通过肺管加入5~10 mL无菌PBS，反复揉捏，吸取灌洗液，离心（3000 r/min，5 min），取上清液用于核酸提取。对于组织样品：取1 g组织置于研钵中，剪碎，加入2 mL生理盐水充分研磨成组织匀浆，离心（8000 r/min，5 min），取上清液用于核酸提取。细胞培养物，4000 r/min离心10 min，取上清液用于核酸提取。

2.总RNA提取

（1）取待检样品、阳性对照和阴性对照各250 μL置于新EP管中，加入Trizol（750 μL/管），充分混匀，静置10 min。

（2）每管加入200 μL氯仿，在振荡器上混匀。4 ℃条件下12000 r/min离心15 min。

（3）轻轻吸取400 μL上清液转至新EP管中，加入等体积预冷的异丙醇，颠倒混匀。

（4）4 ℃条件下12000 r/min离心15 min。小心弃去上清液，倒置于吸水纸上，沾干液体。加入75%乙醇（600 μL/管），颠倒洗涤沉淀。

（5）4 ℃条件下12000 r/min离心10 min。小心弃去上清液，倒置于吸水纸上，尽量沾干液体，室温下干燥沉淀。

（6）加入DEPC水溶解RNA沉淀，10~20 μL/管，冰上保存备用。提取的RNA应在2 h内进行PCR扩增。若需长期保存，应置于−70 ℃冰箱中。

3.RT-PCR检测

（1）反转录。

配制反转录体系，组成如下（表1-13-1）。

表1-13-1　反转录体系

试剂	体积/μL
DEPC水	6
5×RT缓冲液	4
dNTPs（10 mmol/L）	2
RNA酶抑制剂	1
M-MLV反转录酶	1
下游引物P2	1
总RNA	5
总计	20

按上述组成配制好反转录体系后，瞬时离心混匀，将PCR管放入PCR仪中，设置反转录程序为：42 ℃ 60 min，95 ℃ 5 min，4 ℃保存。

(2)PCR扩增。

配制PCR反应体系，组成如下(表1-13-2)。

表1-13-2　PCR反应体系

试剂	体积/μL
反转录产物	10
10×PCR缓冲液	5
dNTPs(10 mmol/L)	1
10×氯化镁(25 mmol/L)	3
上游引物P1	1
下游引物P2	1
Taq酶(5 U/μL)	0.5
DEPC水	28.5
总计	50

按上述组成配制好PCR扩增体系后，瞬时离心混匀，将PCR放入PCR仪，设置扩增程序为：95 ℃预变性5 min；然后95 ℃变性1 min，51 ℃退火1 min，72 ℃延伸1 min，35个循环；最后72 ℃总延伸10 min，4 ℃保存。

(3)电泳检测。

取8 μL PCR产物与DNA上样缓冲液混匀后，点样于1%琼脂糖凝胶孔，在合适位置加DNA Marker，电泳30 min后于凝胶成像仪观察并拍照记录结果。

【结果判定】

1.试验成立条件

当PCR阳性对照孔扩增出大小为372 bp的特异性条带，而阴性对照和空白对照没有条带，则试验结果成立。

2.结果判断

在试验成立前提条件下，待检样品扩增出与阳性对照相同的特异性条带，则判定为待检样品PRRSV核酸阳性；无条带或条带大小不是372 bp的，判定为PRRSV核酸阴性。必要时，可取PCR扩增产物进行序列测定，测序结果与公开发表的PRRSV特异性片段序列进行比对，同源性在95%以上，可判定为PRRSV核酸阳性。

荧光RT-PCR试验

【实验材料】

1. 实验试剂

DEPC水，5×RT-PCR buffer，反转录酶（AMV），RNA酶抑制剂（40 U/μL），AMV-Optimized Taq酶（5 U/μL），dNTPs（dATP、dTTP、dCTP、dGTP），引物和TaqMan探针（表1-13-3），PRRSV阳性对照（非感染性体外转录RNA），阴性对照（健康猪的组织材料），内参照质粒（带有β-珠蛋白基因的质粒）等。

表1-13-3　引物、探针的名称及序列（引自GB/T 35912-2018）

名称	序列（5'—3'）
M-qF	TTGCTAGGCCGCAAGTAC
M-qR	ACGCCGGACGACAAATGC
M-P（探针）	FAM-CTGGCCCCTGCCCACCAC-BHQ1
NSP2-qF	CACCGCGTAGAACTGTGACAA
NSP2-qR	TYATATTCCGTYTGTGAGGAC
NSP2-P（探针）	HEX-ACGCTGACGCACCAGGATGAGCCTCT-BHQ1
IC-F	AAGTGCTCGGTGCCTTTAGTG
IC-R	GTCCCATAGACTCACCCTGAAGT
IC-P2（探针）	ROX-CCTGGCTCACCTGGACAACCTCAAG-BHQ2

注：引物和探针由生物公司合成，用TE溶液溶解并稀释至100 μmol/L储存液，使用时稀释至10 μmol/L。

2. 实验器材

荧光定量PCR仪，微量可调移液器（10 μL、100 μL和1000 μL）及配套无RNA酶污染带滤芯枪头，0.2 mL无RNA酶PCR管或八联管等。

【实验方法】

1. 样品采集、处理及总RNA提取

方法同RT-PCR检测。

2. 荧光PCR检测

（1）配制反应体系。

根据样本总数量计算好所需反应液的总量，并在冰上进行配制。每个荧光RT-PCR

反应体系如下(表1-13-4)。

表1-13-4　RT-PCR反应体系

试剂	体积/μL
5×RT-PCR buffer	10
M-MLV反转录酶(200 U/μL)	0.3
Taq DNA聚合酶(5 U/μL)	1.7
RNA酶抑制剂(40 U/μL)	0.5
dNTPs(100 mmol/L)	0.4
M-qF(10 μmol/L)	1
M-qR(10 μmol/L)	1
M-P(10 μmol/L)	0.6
NSP2-qF(10 μmol/L)	1
NSP2-qR(10 μmol/L)	1
NSP2-P(10 μmol/L)	0.6
IC-F(10 μmol/L)	0.5
IC-R(10 μmol/L)	0.5
IC-P2(10 μmol/L)	0.5
DEPC水	25.2
总计	44.8

(2)分装。

将荧光PCR反应液充分混匀后分装于八联管/96孔板内,44.8 μL/管。

(3)加样。

在每个反应管内加入0.2 μL内参照质粒,按顺序分别加入5 μL提取的RNA溶液,盖好盖子,做好标识,瞬时离心。

(4)上机检测。

将PCR反应管放入荧光定量PCR仪内,设置探针:5'选择FAM、HEX和ROX三个荧光通道,3'均选择无(None)荧光。

反应程序设置:

第一阶段,反转录42 ℃,30 min;

第二阶段,预变性95 ℃,1 min;

第三阶段，变性95 ℃，退火、延伸、荧光信号采集60 ℃(30 s)，40个循环；

第四阶段，冷却25 ℃，10 s。

检测结束后，保存结果，根据收集的荧光曲线和*Ct*值判定结果。

【结果判定】

1.阈值设定

阈值设定原则根据仪器噪声情况进行调整，以阈值线刚好超过正常阴性样品扩增的最高点为准。

2.质量控制

(1)PRRSV阳性对照。

FAM通道*Ct*值≤30，HEX通道*Ct*值≤30，ROX通道*Ct*值≤36，且3个通道的扩增曲线均为典型S形。

(2)PRRSV阴性对照。

FAM和HEX通道均无报告*Ct*值或无典型的S形扩增曲线，而ROX通道*Ct*值≤36且扩增曲线为典型的S形。

在同一实验中，阳性对照和阴性对照需同时满足上述条件，试验成立，否则实验无效，需重新进行。

3.结果描述及判定

(1)被检样品FAM和HEX通道*Ct*值均≤38，且两者扩增曲线均为典型的S形曲线，则判定为PRRSV美洲型变异株核酸阳性；若FAM和HEX通道扩增曲线为典型S形，38＜*Ct*值≤40，则判定为可疑，可重新检测，重复后结果相同，则判定为PRRSV美洲型变异株核酸阳性。

(2)被检样品FAM通道*Ct*值≤40，且扩增曲线为典型的S形，而HEX通道无报告*Ct*值或无典型的S形扩增曲线，则判定为PRRSV美洲型经典株核酸阳性。

(3)被检样品FAM通道和HEX通道均无报告*Ct*值或无典型的S形扩增曲线，同时ROX通道*Ct*值≤36，且扩增曲线为典型的S形，则该样品超过本方法检测灵敏度范围，判定为PRRSV美洲型毒株核酸阴性。

(4)被检样品检测结果中FAM通道和HEX通道均无报告*Ct*值或无典型的S形扩增曲线，同时ROX通道*Ct*值＞36，则该样品的检测结果无效，应查找并排除原因后重复检测。

间接ELISA试验

【实验材料】

1.实验试剂

PRRSV抗原和正常细胞对照抗原、标准阳性血清、标准阴性血清、兔抗猪IgG HRP结合物(简称酶标抗体)、抗原稀释液、血清稀释液、洗涤液、封闭液、底物溶液、终止液等。

2.实验器材

96孔酶标板、微量移液器及配套枪头、酶标仪、恒温箱、保湿盒等。

【实验方法】

1.取出包被有PRRSV病毒的96孔抗原包被板,加入100 μL用样品稀释液按特定倍数稀释后的被检血清、标准阳性血清和标准阴性血清。阴性、阳性对照各设置2孔。封板,置于保湿盒内于37 ℃恒温箱中孵育30 min。

2.弃去板内液体,加入1×洗涤液洗板,300 μL/孔,洗板3~5次,最后一次洗涤后弃去液体,在吸水纸上轻轻拍干。

3.每孔加工作浓度的酶标抗体100 μL,封板,置于保湿盒内于37 ℃恒温箱中孵育30 min。

4.重复步骤(2)。

5.每孔加入新配制的底物显色液100 μL,封板,在37 ℃恒温箱中避光孵育15 min。

6.在酶标仪上450 nm波长下测定各孔的OD值。

【结果判定】

1.实验成立条件

阳性对照OD值与阴性对照OD值的差值≥0.15,且阴性对照的平均值≤0.15时,试验结果成立。

2.结果判定

在试验成立的前提下,通过计算待检样品与阳性对照的OD值比(S/P)判定待检样品是否为PRRS抗体阳性。

(1)S/P＜0.3,判定为PRRSV抗体阴性,记作间接ELISA(−);

(2)0.3≤S/P＜0.4,判定为可疑,记作间接ELISA(±);

(3)S/P≥0.4，判定为PRRSV抗体阳性，记作间接ELISA(+)。

判定为可疑的样品，可重复检测一次，结果仍为可疑，可判作阳性；也可以采用其他血清学检测方法进行检测。

注：间接ELISA试验也可采用经过验证的商品化检测试剂盒，不同的试剂盒判定标准不同，以试剂盒说明书为准。

【注意事项】

1.在进行PRRSV分离鉴定时，仅初次接种PAM或Marc145细胞的样品出现CPE而盲传无CPE时，可认为是病料毒性引起的假阳性。

2.提取RNA至反转录完成的全过程，所有试剂均用无RNA酶水(DEPC水)配制，所有器材均需用无RNA酶水(DEPC水)处理，灭菌后使用。

3.在采用RT-PCR或荧光定量RT-PCR诊断时，根据样本数量(含阴性、阳性对照)配制RT-PCR或荧光定量RT-PCR检测总的反应管数(n)，为了避免移液器取样损失，建议按n+1个反应管数进行配制。

4.用于ELISA检测的血清样本应新鲜、透明、无污染和溶血现象，如不能立即检测，可保存于-20 ℃，勿反复冻融，试验前用血清稀释液作1∶20稀释。此外，目前尚未见能区分疫苗免疫和自然感染抗体的方法。

【思考题】

猪繁殖与呼吸综合征的诊断方法有哪些？它们的优缺点各是什么？

【参考文献】

1.中华人民共和国国家质量监督检验检疫总局，中国国家标准化管理委员会．猪繁殖与呼吸综合征诊断方法 GB/T 18090-2008 [S]. 北京：中国标准出版社，2008.

2.中华人民共和国国家质量监督检验检疫总局，中国国家标准化管理委员会．猪繁殖与呼吸综合征病毒荧光RT-PCR检测方法 GB/T 35912-2018 [S]. 北京：中国标准出版社，2018.

3.陈溥言．兽医传染病学实验指导 [M]. 北京：中国农业出版社，2016.

实验14 小反刍兽疫的检疫

小反刍兽疫(PPR),俗称“羊瘟”,是由小反刍兽疫病毒(PPRV)引起小反刍动物的一种急性接触性传染病。山羊和绵羊对该病原易感性高,病畜主要表现为发病急、高热稽留、眼鼻分泌物增加、口腔糜烂、腹泻和肺炎。世界动物卫生组织(OIE)将PPR定为检疫对象,我国将其定为一类动物疫病,并对其实施强制免疫政策。PPR的检疫方法包括病原学、血清学和分子生物学等方法。依据我国国家标准《小反刍兽疫诊断技术》(GB/T 27982- 2011)规定:PPR的确诊可采用病毒的分离与鉴定、RT-PCR和荧光定量RT-PCR等;也可采用竞争ELISA进行血清学诊断。本实验主要介绍小反刍兽疫病毒的RT-PCR、荧光定量RT-PCR和竞争ELISA检测方法。

【实验目的】

掌握小反刍兽疫病毒RT-PCR、荧光定量RT-PCR以及竞争ELISA试验操作技术及结果判定标准。

RT-PCR方法

【实验材料】

1.实验试剂

核酸提取试剂(TRIzol试剂、三氯甲烷、异丙醇、无水乙醇、75%乙醇、DEPC水),RT-PCR试剂(反转录酶/Taq DNA聚合酶混合液、2×一步法RT-PCR buffer),电泳试剂(1.5 %琼脂糖凝胶、0.5×TBE缓冲液、溴化乙锭或GoldView等核酸染料),检测引物及序列(小反刍兽疫病毒N基因特异性引物见表1-14-1)等。

表1-14-1　小反刍兽疫病毒RT-PCR检测引物(引自GB/T 27982-2011)

靶基因	引物	目的	序列(5'—3')	产物/bp
N基因	NP3	正向引物	TCTCGGAAATCGCCTCACAGACTG	351
	NP4	反向引物	CCTCCTCCTGGTCCTCCAGAATCT	

2.实验器材

PCR仪、电泳仪、电泳槽、凝胶成像仪、组织匀浆器、微量移液器及配套枪头、无RNA酶PCR反应管等。

【实验方法】

1.样品采集及处理

每个发病羊群至少要选择5只病畜采集样品进行实验室诊断。

(1)有临床症状的活畜(发热、眼鼻分泌物增多、口腔糜烂但无腹泻症状),用无菌棉拭子采集眼结膜拭子(2个)、鼻黏膜拭子(2个)以及颊部黏膜拭子(1个),分别放在装有PBS液(300 μL/管)的灭菌EP管中。无菌采集10 mL血液,进行血清分离。将棉拭子在PBS液中充分捻动、挤干后弃去拭子,取100 μL样品液至一新的离心管中,加入1 mL TRIzol试剂,振荡混匀,进行RNA提取。

(2)无菌采集刚扑杀或死亡的病畜的支气管淋巴结和肠系膜(各3~4个)、肠黏膜、脾、胸腺、肺等组织(各25~50 g),分别放在50 mL离心管中。取大约100 mg组织样品,剪碎后,加入1mL TRIzol试剂充分匀浆后转移至新的离心管中,进行RNA提取。

2.RNA提取

(1)将TRIzol处理的样品液进行离心(4 ℃,12000 r/min,10 min),取上清液,静置5 min。

(2)加三氯甲烷,200 μL/管,振荡混匀,静置2~3 min。于4 ℃条件下12000 r/min离心15 min,取400 μL上层水相到新的离心管中。

(3)加等体积(400 μL)异丙醇振荡混匀,静置10 min。于4 ℃条件下12000 r/min离心10 min,弃上清液。

(4)加75%乙醇,1 mL/管,振荡混匀,于4 ℃条件下12000 r/min离心5 min,弃上清液。

(5)重复上一步骤。室温下干燥RNA沉淀,加入100 μL DEPC处理过的水溶解沉淀。得到的总RNA立即进行后续RT-PCR或冻存于-70 ℃冰箱中。

3.RT-PCR反应

(1)配制RT-PCR反应体系。

每个RT-PCR反应体系如下(表1-14-2)。

表1-14-2　RT-PCR反应体系

试剂	体积/μL
2×一步法RT-PCR buffer	12.5
反转录酶/Taq DNA聚合酶混合液	1
NP3(10 μmol/L)	1
NP4(10 μmol/L)	1
总RNA	5
DEPC处理过的水	4.5
总计	25

每次进行RT-PCR反应时均设置标准阳性(以阳性对照RNA作为模板)、阴性(以Vero细胞RNA作为模板)及空白(以DEPC处理过的水作为模板)对照。

(2)RT-PCR扩增。

将PCR反应管瞬时离心后放入PCR仪。设定RT-PCR扩增程序为:50 ℃反转录30 min;94 ℃,2 min进行Taq酶的激活;94 ℃(30 s),55 ℃(30 s),72 ℃(30 s),共35个循环;最后72 ℃延伸7 min。

(3)扩增产物检测。

取5 μL PCR产物在1.5%琼脂糖凝胶中进行电泳20~30 min,用凝胶成像仪拍照记录结果。

【结果判定】

1.试验成立条件

当小反刍兽疫病毒RT-PCR标准阳性对照扩增出大小为351 bp的特异性条带,而阴性对照和空白对照无任何扩增条带,则质控合格,试验结果成立。

2.结果判定

在试验成立的前提条件下,待检样品扩增出与标准阳性对照大小相同的特异性条带时,判定为RT-PCR结果阳性,表述为检出小反刍兽疫病毒。若待检样品无特异性的阳性扩增条带,则判为RT-PCR结果阴性,表述为未检出小反刍兽疫病毒。

荧光定量RT-PCR方法

【实验材料】

1.实验试剂

(1)核酸提取试剂:同RT-PCR实验。

(2)荧光RT-PCR试剂:2×一步法RT-PCR buffer、Taq DNA聚合酶、反转录酶、参比荧光ROX Ⅱ。

(3)引物和探针:针对小反刍兽疫病毒N基因保守序列区段设计荧光RT-PCR所用引物和探针,由生物公司合成。引物、探针的位置和序列见表1-14-3。

表1-14-3 用于PPRV实时荧光定量RT-PCR检测的引物和探针(引自GB/T 27982-2011)

引物	目的	靶基因位置	引物序列(5'—3')
PPRN8a	正向引物	1213-1233	CACAGCAGAGGAAGCCAAACT
PPRN9b	反向引物	1327-1307	TGTTTTGTGCTGGAGGAAGGA
PPRN10P	探针	1237-1258	FAM-5'-CTCGGAAATCGCCTCGCAGGCT-3'-TAMRA

2.实验器材

荧光定量PCR仪,其余仪器同RT-PCR实验。

【实验方法】

1.样品处理及RNA提取

同RT-PCR实验。

2.荧光定量RT-PCR反应

(1)配制反应体系。

每个荧光定量RT-PCR反应体系如下(表1-14-4)。

表1-14-4 RT-PCR反应体系

试剂	体积/μL
2×一步法RT-PCR buffer	12.5
PPRN8a(10 μmol/L)	1
PPRN9b(10 μmol/L)	1
PPRN10P(10 μmol/L)	0.5
Taq DNA聚合酶	0.5

续表

试剂	体积/μL
反转录酶	0.5
参比荧光 ROX Ⅱ	0.5
DEPC处理过的水	3.5
总 RNA	5
总计	25

每次进行荧光定量RT-PCR反应时均设置标准阳性(以阳性对照RNA作为模板)、阴性(以Vero细胞RNA作为模板)及空白(以DEPC处理过的水作为模板)对照。

(2)荧光定量RT-PCR检测。

将PCR反应管瞬时离心后放入荧光定量PCR仪中。荧光定量RT-PCR扩增程序为:42 ℃反转录30 min;95 ℃,10 min进行Taq酶的激活;95 ℃,15 s,60 ℃,1 min,共50个循环;每个循环在60 ℃,1 min时收集荧光信号。

【结果判定】

1.试验成立条件

当标准阳性对照样品扩增出特异性S形曲线且*Ct*值≤30,而标准阴性对照和空白对照无特异性扩增曲线时,质控合格,试验结果成立。

2.结果判定

在试验成立的前提条件下,待检样品扩增出特异性S形曲线且*Ct*值≤40,判定为实时荧光定量RT-PCR扩增阳性,表述为检出小反刍兽疫病毒。若待检样品*Ct*值>40或者无特异性扩增曲线,判定为实时荧光定量RT-PCR扩增阴性,表述为未检出小反刍兽疫病毒。

竞争RLISA方法

【实验材料】

1.实验试剂

包被用抗原(PPRV疫苗株重组N蛋白),对照血清(强阳性血清、弱阳性血清和阴性血清),小反刍兽疫病毒N蛋白的单克隆抗体,酶结合物[辣根过氧化物酶(HRP)标记的山羊抗小鼠血清],包被缓冲液(0.318 g Na_2CO_3、0.588 g $NaHCO_3$,加去离子水200 mL混匀,用滤膜过滤除菌),封闭缓冲液(含3% BSA PBS,pH 7.4),洗涤缓冲液(PBST,0.5 mL吐温-20,1000 mL PBS,pH 7.4),底物溶液,终止液(3 mol/L H_2SO_4)等。

2. 实验器材

96孔高吸附性酶标板、洗涤瓶、酶标仪、吸水纸、封板膜、微量移液器等。

【实验方法】

1. 抗原包被

用包被缓冲液将PPRV重组N蛋白稀释3500倍后加入96孔酶标板进行包被，50 μL/孔，用封板膜封板后放于湿盒中37 ℃吸附1 h，用洗涤缓冲液洗板4次，最后一次在吸水纸上拍干。

2. 加待检血清

（1）加封闭缓冲液：每孔均加入45 μL封闭缓冲液。

（2）加血清：每份待检血清加2孔，5 μL/孔；强阳性血清对照孔（C_{++}）加4孔，5 μL/孔；弱阳性血清对照孔（C+）加4孔，5 μL/孔；阴性血清对照孔（C_{-}）加2孔，5 μL/孔；单抗对照孔（C_m）加4孔，按5 μL/孔加入封闭缓冲液；酶结合物对照孔（C_c）加2孔，按55 μL/孔加封闭缓冲液。

3. 加单克隆抗体

除酶结合物对照孔外，每孔加入50 μL稀释至工作浓度的单克隆抗体，封板，放于湿盒中于37 ℃条件下作用1 h，用洗涤缓冲液洗板4次，最后一次于吸水纸上拍干。

4. 加酶结合物

每孔加入50 μL工作浓度的酶结合物，封板，放于湿盒中于37 ℃条件下作用1 h，洗涤缓冲液洗板4次，最后一次于吸水纸上拍干。

5. 显色与终止

每孔加入50 μL底物溶液，37 ℃避光反应10 min，每孔加入50 μL终止液，混匀，以终止反应。

6. 读值

酶标仪预热15 min，在492 nm下测定OD值。

7. 计算抑制率

按照式（1）计算每孔（包括对照孔）的抑制率，并计算每份样品的平均抑制率。

$$PI=100-(OD_T \div ODc)\times 100 \cdots\cdots\cdots\cdots(1)$$

式中：

PI——抑制率；

OD_T——试验孔或对照孔OD值；

OD_C——单抗对照孔OD平均值。

【结果判定】

1. 试验成立条件

结果在质控标准（表1-14-5）范围内，则试验结果成立。

表1-14-5　小反刍兽疫竞争ELISA检测方法质量控制（引自GB/T 27982-2011）

项目	最大值	最小值
C_m孔的OD值	1.500	0.500
C_c孔抑制率	+105	+95
C_m孔抑制率	+20	-19
C_{++}孔抑制率	90	81
C_+孔抑制率	80	51
C_-孔抑制率	30	5

2. 结果判定

在试验结果成立的前提条件下，$80<PI$，判定为强阳性；$50<PI\leqslant80$，判定为弱阳性，均表述为小反刍兽疫抗体血清学检测阳性。若$PI\leqslant50$，则判定为阴性，表述为小反刍兽疫抗体血清学检测阴性。

【注意事项】

1. 小反刍兽疫是我国规定的一类动物疫病，其诊断和防控均需按我国的动物防疫法要求进行。

2. 所有病料应按动物防疫法一类疫病的要求处理，防止污染及扩散。

【思考题】

1. 小反刍兽疫的诊断方法有哪几种？它们的优缺点是什么？

2. 某地疑似发生一起小反刍兽疫案例，应如何进行确诊？

【参考文献】

1. 中华人民共和国国家质量监督检验检疫总局，中国国家标准化管理委员会．小反刍兽疫诊断技术GB/T 27982-2011 [S]. 北京：中国标准出版社，2011.

2. 陈溥言．兽医传染病学实验指导 [M]. 北京：中国农业出版社，2016.

实验15

口蹄疫的检疫

口蹄疫是由口蹄疫病毒(FMDV)引起偶蹄兽和人的一种急性、烈性、高度接触性传染病,危害严重,可造成巨大经济损失和社会影响。该病为我国的一类动物疫病,其病原学的诊断必须在国家口蹄疫参考实验室进行,省级及以下实验室只能做抗体和病毒核酸检测。依据我国国家标准《口蹄疫诊断技术》(GB/T 18935-2018)规定:口蹄疫病原学的诊断方法是病毒分离培养;病毒抗原和核酸诊断的方法有多重反转录-聚合酶链式反应(多重RT-PCR)、病毒VP1序列基因分析和荧光定量反转录聚合酶链式反应(荧光定量RT-PCR);病毒定型方法有定型酶联免疫吸附试验(定型ELISA)和定型反转录-聚合酶链式反应(定型RT-PCR);病毒结构蛋白抗体检测的方法有病毒中和实验(VN)、液相阻断酶联免疫吸附试验(LPB-ELISA)和固相竞争酶联免疫吸附试验(SPC-ELISA);病毒非结构蛋白抗体诊断的方法有非结构蛋白3ABC抗体间接酶联免疫吸附试验(3ABC-I-ELISA)和非结构蛋白3ABC抗体阻断酶联免疫吸附试验(3ABC-B-ELISA)。其中LPB-ELISA和VN是国际贸易指定试验。本实验参考国家标准,仅介绍口蹄疫的荧光定量RT-PCR、LPB-ELISA和3ABC-B-ELISA等检测方法。

【实验目的】

掌握口蹄疫的荧光定量RT-PCR、LPB-ELISA和3ABC-B-ELISA等检测技术。

荧光定量RT-PCR

【实验材料】

1.实验试剂

(1)RNA提取试剂。

变性液(6 mol/L异硫氰酸胍或Trizol reagent)、2 mol/L乙酸钠(pH 4.0)、酚氯仿抽提液

(苯酚∶三氯甲烷∶异戊醇=25∶24∶1的混合液)、异丙醇、无核酸酶水、75 %乙醇(无水乙醇与无核酸酶水按3∶1配制而成),也可用商品化的RNA提取试剂盒。

(2)RT-PCR试剂。

2×RT-PCR buffer,反转录酶(AMV,5 U/μL),RNA酶抑制剂(40 U/μL),AMV-Optimized Taq酶(5 U/μL),dNTPs(dATP、dTTP、dCTP、dGTP,各10 mmol/L),$MgCl_2$(25 mmol/L)等。

(3)对照。

阳性对照为已知病毒材料,如FMDV感染的乳鼠或细胞;阴性对照为未感染的乳鼠或细胞。

(4)引物和探针。

下列两个引物和探针(表1-15-1)组合中的任一个都可用于FMDV的荧光定量PCR。

表1-15-1 引物、探针的名称及序列

目标基因	名称	序列(5'—3')
5'UTR	F1	CACYTYAAGRTGACAYTGRTACTGGTAC
	R1	CAGATYCCRAGTGWCICITGTTA
	P1(探针)	CCTCGGGGTACCTGAAGGGCATCC
3D	F2	ACTGGGTTTTACAAACCTGTGA
	R2	GCGAGTCCTGCCACGGA
	P2(探针)	TCCTTTGCACGCCGTGGGAC

注:所有引物序列引自GB/T 18935- 2018,引物和探针由生物公司合成,其中Y、R、W为简并碱基,Y对应C/T,R对应A/G,W对应A/T;I为修饰碱基;用TE溶液溶解并稀释至100 μmol/L储存液,使用时稀释至10 μmol/L。

2. 实验器材

荧光定量PCR仪、台式低温高速离心机、Mini离心机、旋涡振荡器、高速组织匀浆器、1.5 mL无RNA酶离心管、微量可调移液器及配套的无RNA酶污染带滤芯吸头、0.2 mL无RNA酶PCR管或八联管。

【实验方法】

1.样品准备

(1)采集病料样品。

包括水疱皮,水疱液,反刍动物食道-咽部分泌物(O-P液),血清,组织(扁桃体、淋巴结、骨髓、肌肉等),病毒接种乳鼠与细胞培养物等。

(2)组织样品处理。

取待检组织2 g,剪碎后放入组织研磨器中,加入青霉素(1000 IU/mL)、链霉素(500 IU/mL),PBS液(0.04 mol/L,pH 7.4),充分研磨,制成1:5的组织匀浆,4 ℃条件下过夜,次日以3000 r/min离心10 min,取上清液用于后续的核酸提取。

(3)水疱液样品处理。

3000 r/min离心10 min,取上清液用于核酸提取。

(4)O-P液样品处理。

将O-P液倒入灭菌离心管中,再加入不少于样品1/3体积量的氯仿。用高速组织匀浆器以10000 r/min匀浆3 min,以3000 r/min离心10 min,取上层水相用于后续的核酸提取。

2.核酸提取(酚氯仿法)

(1)取阳性对照、阴性对照以及待检样品各300 μL,分别置于1.5 mL离心管中,每管加入300 μL变性液,反复混匀后置于冰水浴中作用5 min。

(2)加2 mol/L乙酸钠(pH 4.0),60 μL/管,混匀。

(3)加酚氯仿抽提液,800 μL/管,冰水浴放置5 min后8000 r/min离心10 min,转移上清液至新的离心管。

(4)加异丙醇,800 μL/管,混匀,室温下放置15 min。

(5)于4 ℃条件下12000 r/min离心10 min,小心弃去上清液,沉淀为RNA。

(6)加75%乙醇,1mL/管,颠倒洗涤沉淀。

(7)于4 ℃条件下10000 r/min离心5 min,小心弃去液体,于室温下干燥5~10 min。

(8)向每管加入10 μL无核酸酶水以溶解RNA沉淀。提取的总RNA溶液可立即用于荧光定量PCR,也可储存于-70 ℃冰箱中备用。

注:也可按照商品化的RNA提取试剂盒提取样品总RNA。

3.荧光定量RT-PCR检测

(1)配置反应体系。

按如下所列各组分进行PCR体系配置(表1-15-2)。

表1-15-2　PCR反应体系

试剂	体积/μL
2×RT-PCR buffer	12.5
TaKaRa Ex Taq HS(5U/μL)	0.5

续表

试剂	体积/μL
PrimeScript RT Enzyme Mix Ⅱ	0.5
F1(10 μmol/L)	0.5
R1(10 μmol/L)	0.5
P1(5 μmol/L)	1
总 RNA	2
无核酸酶水	7.5
总计	25

PCR体系配制完成后，将平板或PCR管进行瞬时离心以混匀。

(2)上机检测。

将PCR反应管放在荧光定量PCR仪器上，设定RT-PCR扩增程序为：42 ℃反转录15 min，然后95 ℃变性10 s，55 ℃退火30 s，72 ℃延伸30 s，共40个循环。

【结果判定】

1.实验成立的条件

当阳性对照扩增曲线呈标准S形且*Ct*值<25，阴性对照扩增曲线为基线下的水平线时，试验结果成立。

2.结果判定

在试验成立的前提下，若待检样品扩增曲线呈标准S形，且*Ct*值<35，判为阳性；若*Ct*值≥35，判为阴性。

定型反转录-聚合酶链式反应(定型RT-PCR)

【实验材料】

1.实验试剂

10×一步RNA PCR缓冲液，分子大小范围为100~1000 bp的100 bp梯度DNA Marker，阳性对照(FMDV型特异性病毒核酸反转录产物或质粒)、阴性对照FMDV未感染的乳鼠或细胞的RNA反转录产物，其他总RNA提取、RT-PCR等试剂同“荧光定量RT-PCR”。定型引物见表1-15-3。

表1-15-3　FMDV定型检测引物名称及序列

引物名称	序列(5'—3')
下游引物(通用)	AGCTTGTACCAGGGTTTGGC
上游引物(O型)	GCTGCCYACYTCYTTCAA
上游引物(A型)	GTCATTGACCTYATGCAVACYCAC
上游引物(C型)	GTTTCTGCACTTGACAACACA
上游引物(Asia1型)	GACACCACHCARRACCGCCG
上游引物(SAT1型)	AGGATTGCHAGYGAGACVCACAT
上游引物(SAT2型)	GGCGTYGARAAACARYTBTG
上游引物(SAT3型)	TTCGGDAGAYTGTTGTGTG

注:所有引物序列引自GB/T 18935-2018,其中,Y、R、H、V、D为简并碱基,Y对应C/T,R对应A/G,H对应A/T/C,V对应G/A/C,D对应A/T/G。

2. 实验器材

台式冷冻高速离心机、PCR扩增仪、电泳仪、凝胶成像系统、微量移液器、灭菌吸头、1.5 mL离心管、PCR反应管等。

【实验方法】

1. 样品制备及RNA提取

同"荧光定量RT-PCR"。

2. 一步法 RT-PCR扩增

(1)配制RT-PCR反应体系。

按如下所列各组分进行PCR体系配制(表1-15-4)。

表1-15-4　PCR反应体系

试剂	体积/μL
10×一步RNA PCR缓冲液	2.5
Mg Cl_2(25mmol/L)	5
dNTP(各10 mmol/L)	2.5
RNase酶抑制剂(40U/μL)	0.5
AMV(40U/μL)	0.5
AMV-Optimized Taq(5 U/μL)	0.5

续表

试剂	体积/μL
上游型特异性引物混合(各50 pmol/μL)	0.5
下游通用引物(50 pmol/μL)	0.5
总RNA水溶液	12.5
共计	25

每次PCR扩增均需设立阳性对照和阴性对照。

(2)RT-PCR扩增。

将PCR扩增管放入扩增仪中按照设定程序扩增:50 ℃反转录30 min;之后94 ℃预变性4 min;然后94 ℃变性50 s,58 ~60 ℃退火40 s,72 ℃延伸40 s,共30次循环;最后72 ℃延伸8 min。

(3)扩增产物电泳检测。

配制1.5%琼脂糖凝胶,取6~8 μL PCR扩增产物和2 μL加样缓冲液混匀后加入琼脂糖凝胶孔,在电压80 ~100 V或电流40 ~50 mA条件下,电泳30 ~40 min,电泳结束后,在凝胶成像仪(或紫外透射仪)上观察结果和照相。每次电泳同时设标准DNA Marker、阴性对照、阳性对照。

【结果判定】

1.试验成立条件

阳性对照扩增产物电泳结果应分别为O型400 bp,A型730 bp,C型600 bp,Asia1型300 bp,SAT1型430 bp,SAT2型260 bp,SAT3型380 bp,阴性对照应无扩增条带。

2.结果判定

在试验成立条件下,样品扩增产物的DNA条带与某型阳性对照条带分子量大小一致,则该待检样品为某型FMDV。如被检样品无扩增条带,则该样品为FMDV核酸阴性。

液相阻断酶联免疫吸附试验(LPB-ELISA)

【实验材料】

1.实验试剂

包被缓冲液(0.05 mol/L Na_2CO_3-$NaHCO_3$,pH 9.6)、样品稀释液(含0.05 %吐温-20的0.01 mol/L PBS,pH 7.2~7.4)、酶标抗体稀释液、捕获抗体(各型兔抗FMDV 146S抗原抗血

清)、检测抗体(各型豚鼠FMDV 146S抗原抗血清或HRP标记的各型抗FMDV型特异性单克隆抗体)、兔抗豚鼠lgG HRP标记物、对照抗原(FMDV灭活抗原)、阳性对照血清(与制备兔抗FMDV抗血清抗原同源的FMDV灭活疫苗免疫正常牛制备的高免血清,预先测定其抗体效价)、阴性对照血清(来自健康牛,各型口蹄疫LB-ELISA抗体效价均小于1:4)、洗涤缓冲液(含0.01 %吐温-20的0.002 mol/L PBS)、邻苯二胺(OPD)底物溶液、终止液(1.25 mol/L硫酸)。

2.实验器材

96孔平底聚苯乙烯酶标板、U形96孔稀释板、微量可调移液器及配套枪头、贮液槽、封板膜、吸水纸巾、恒温培养箱、洗板瓶、酶标仪等。

【实验方法】

1.ELISA板包被:在ELISA板中加入稀释后捕获抗体进行包被,50 μL/孔,封板膜封板后室温下过夜。

2.稀释:在新的U形96孔稀释板内,按50 μL/孔的量用样品稀释液将待检血清从1:4开始做2倍倍比稀释;然后向每孔内加入相应的50 μL同型病毒抗原,封板混合后置于4 ℃条件下过夜或于37 ℃下孵育1 h,加入病毒抗原后血清的实际稀释度变为从1:8开始的2倍连续稀释度。

3.洗涤:向孵育过夜的ELISA板每孔中加满洗涤缓冲液,放置30 s后弃去,重复洗涤6次后在吸水纸巾上拍干。

4.将步骤2稀释的血清/抗原混合物从稀释板对应转移至ELISA板中,50 μL/孔,封板,置于37 ℃条件下孵育1 h。

5.洗ELISA板6次,在吸水纸巾上拍干。将稀释后的检测抗体加入ELISA板中,50 μL/孔,封板膜封板,置于37 ℃条件下孵育1 h。

6.洗ELISA板6次,拍干后,每孔加50 μL稀释后的兔抗豚鼠IgG HRP标记物,封板膜封板,置于37 ℃条件下孵育1 h。

7.洗ELISA板6次,拍干后,每孔加50 μL底物溶液。37 ℃条件下孵育15 min后每孔再加50 μL终止液终止反应,混匀后在酶标仪450 nm下测定OD值。

8.对照设立:每次试验,每块板设8孔连续2倍稀释的阳性血清对照,2孔连续2倍稀释的阴性血清对照,设4孔抗原对照,抗原对照不加血清稀释液。

【结果判定】

1.试验成立条件

病毒抗原对照至少2孔，$1.0<OD_{450\ nm}<2.0$；阳性血清对照抗体滴度在1∶512~1∶2048之间；阴性血清对照抗体滴度应<1∶4，则试验结果成立。

2.结果判定

（1）以病毒抗原对照$OD_{450\ nm}$平均值的1/2为临界值，被检血清稀释孔$OD_{450\ nm}$值大于临界值为阴性孔，小于或等于临界值为阳性孔。抗体滴度以50 %终点滴度表示，即该稀释50%孔的抑制率大于抗原对照孔抑制率的50%。

（2）被检血清抗体滴度≥1∶128，判为阳性；被检血清抗体滴度<1∶64，判为阴性；1∶64≤被检血清抗体滴度<1∶128，判为可疑。可疑样品经再次测定后，如果有一个滴度为1∶64或更高，可判为阳性。

非结构蛋白3ABC抗体阻断酶联免疫吸附试验（3ABC-B-ELISA）

【实验材料】

1.实验试剂

25倍浓缩磷酸盐缓冲液（NaCl 200.0 g、KCl 5 g、KH_2PO_4 5.0 g、$Na_2HPO_4 \cdot 12H_2O$ 72.5 g，加蒸馏水至1000 mL，灭菌备用），3ABC蛋白捕获抗体（用3A蛋白免疫小鼠制备的可特异性捕获3ABC蛋白的单克隆抗体），酶标检测抗体（用3B蛋白免疫小鼠制备的针对保守的免疫优势抗原表位的单克隆抗体，经HRP酶标记后，用作检测抗体），血清稀释液（马血清100 mL、酪蛋白2.5 g、硫柳汞0.1 g、25倍浓缩磷酸盐缓冲液40 mL，加超纯水至1000 mL），TMB底物溶液，终止液（0.3 mol/L硫酸），阳性对照血清（来自FMDV感染康复动物，血清经灭活检验后无传染性因子存在），弱阳性对照血清（来自FMDV感染康复动物，血清经灭活检验后无传染性因子存在），阴性对照血清（来自无FMDV抗体的健康动物）。

2.实验器材

除捕获3ABC抗原反应板外，其他器材同"液相阻断酶联免疫吸附试验"。

【实验方法】

1.取出封闭的捕获3ABC抗原反应板，在正式使用之前，所有的试剂应先恢复至15~25 ℃，血清样品用旋涡振荡器轻轻振荡混匀。

2. 加血清：向捕获3ABC抗原反应板中加入血清稀释液，80 μL/孔，然后依次加入20 μL待检血清和阳性、弱阳性、阴性对照血清。待检血清加1孔，阳性、弱阳性与阴性对照血清平行加2孔，振荡混匀后封板膜封板，在15~25 ℃条件下振荡孵育。检测牛、羊血清时，孵育1 h；检测猪血清时，孵育16~20 h。小心去掉封板膜，每孔加约300 μL洗涤液洗板5次，最后一次拍干。

3. 加酶标单抗：用血清稀释液按1∶100稀释酶标单抗，按100 μL/孔加入酶标板孔，封板后置于15~25 ℃条件下孵育1 h。小心去掉封口膜，每孔加约300 μL洗涤液洗板5次，最后一次拍干。

4. 加底物：加入TMB底物溶液，100 μL/孔，封板后置于15~25 ℃条件下避光孵育10 ~ 15 min。

5. 终止反应：按100 μL/孔加入终止液终止反应。

6. 测吸光值：将酶标板在酶标仪450 nm下测定和记录OD值。

注：加终止液之前，可以测定$OD_{630\ nm}$值，将$OD_{630\ nm}$值控制在0.5~0.6之间，保证最佳的检测效果，终止前$OD_{630\ nm}$值约为终止后$OD_{630\ nm}$值的1/3。

【结果判定】

1. 试验成立条件

计算阳性、弱阳性与阴性对照血清平均$OD_{450\ nm}$。根据公式计算测试样本（阳性、弱阳性对照血清与待测血清）阻断率（*PI*），*PI*=（1－测试样本$OD_{450\ nm}$值/阴性对照平均$OD_{450\ nm}$值）×100%。当阴性对照平均$OD_{450\ nm}$值＞1.0，弱阳性对照血清阻断率＞50%，阳性对照血清阻断率＞70%时，试验结果有效。

2. 结果判定

在试验成立的前提下，被检血清样品*PI*值≥50%，判定为待检样品FMDV非结构蛋白（NSP）3ABC抗体阳性；被检血清样品*PI*值＜50%，判定为待检样品FMDV NSP 3ABC抗体阴性。

【注意事项】

1. 因我国目前禁止使用口蹄疫活疫苗，因此病原学检测中任何一种结果为阳性，均可确诊为口蹄疫病毒感染。

2. 只能由中华人民共和国国务院兽医行政管理部门根据省级动物防疫监督机构或国家口蹄疫参考实验室确诊结果确认口蹄疫疫情。

3. 口蹄疫为我国一类动物疫病，相关诊断实验的开展需遵照国家动物防疫法和实验室生物安全标准执行。

4. 所有实验也可使用经验证合格的商品化试剂盒检测，严格按照操作说明书进行。

【思考题】

1. 鉴定口蹄疫病毒血清型有何意义？

2. 如何通过检测抗体判定动物是接种疫苗产生抗体还是受到野毒感染诱导的抗体？

【参考文献】

1. 中华人民共和国国家质量监督检验检疫总局，中国国家标准化管理委员会．动物布鲁氏菌病诊断技术 GB/T 18935-2018 [S]. 北京：中国标准出版社，2018.

2. 陈溥言．兽医传染病学实验指导 [M]. 北京：中国农业出版社，2016.

实验16

非洲猪瘟的实验室诊断

非洲猪瘟是由非洲猪瘟病毒(ASFV)引起的猪的一种急性、热性、高度接触传染性病，我国规定为动物一类疫病，其临床症状和病理变化类似于急性猪瘟，表现为高热、皮肤充血、出血、流产、水肿及脏器出血。依据我国国家标准《非洲猪瘟诊断技术》(GB/T 18648-2020)规定：非洲猪瘟的实验室诊断方法包括普通PCR、荧光PCR、荧光RAA、高敏荧光免疫分析和夹心ELISA等病原检测方法，以及间接ELISA、阻断ELISA、夹心ELISA和间接免疫荧光法等抗体检测方法。本实验参考国家标准仅介绍常用的ASF病原的普通PCR、荧光PCR检测以及阻断ELISA抗体检测。

【实验目的】

掌握非洲猪瘟普通PCR检测、荧光PCR检测以及阻断ELISA抗体检测的实验室诊断操作技术和结果判定标准。

普通PCR检测

【实验材料】

1. 实验试剂

DNA提取试剂盒、PBS(0.1 mol/L，pH 7.4)、50%甘油-PBS保存液、青霉素(10000 IU/mL)、链霉素(10000 μg/mL)、Premix Taq Version 2.0 plus dye、无核酸酶水、DL2000 DNA Marker、TAE缓冲液、2%琼脂糖凝胶、GoldView核酸染料等。ASFV B646L基因特异性引物(上游引物PPA-1：5'-AGTTATGGGAAACCCGACCC-3'；下游引物PPA-2：5'-CCCTGAATCG GAGCATCCT-3')。

2. 实验器材

解剖刀、剪刀、镊子、骨锯、注射器及针头、组织匀浆器、真空采血管（含EDTA抗凝剂）、离心管（2 mL和10 mL）、样品保存管、一次性无菌棉拭子、封口膜、冰袋、防护服、防护镜、防护帽、防护靴、口罩、手套、采样单、记号笔、防水标签、台式低温高速离心机、PCR仪、稳压稳流电泳仪、水平电泳槽、凝胶成像仪、微量移液器及配套枪头、EP管、PCR管等。

3. 对照样本

以ASFV核酸阳性的全血、血清、10%组织匀浆或细胞培养上清液为阳性对照样本；无核酸酶水或ASFV核酸阴性的全血、血清、10%组织匀浆或细胞培养上清液为阴性对照样本。

【实验方法】

1. 采集样品及处理

（1）口鼻拭子。

选择病死猪或发病猪、同群猪，用一次性无菌棉拭子在猪口腔或鼻腔中转动至少3圈以采集其分泌物。采集后的棉拭子立即浸入1 mL 50%甘油-PBS保存液中，立即用于ASF病原检测或冷冻储存备用。

（2）全血样品。

在发病猪群中，使用真空采血管（含EDTA抗凝剂）采集发病猪、同群猪全血，每头采集5 mL，立即用于ASF病原检测或冷冻储存备用。

（3）血清样品。

在发病猪群中，用无菌注射器采集发病猪、同群猪静脉血，分离血清，立即用于ASF病原检测或冷冻储存备用。

（4）组织样品。

采集病/死猪的脾脏、扁桃体、淋巴结、肾脏、骨髓等组织样品放入50%甘油-PBS保存液中。取适量组织置于组织匀浆器中进行充分研磨，并加入青霉素（终浓度1000 IU/mL）、链霉素（终浓度1000 μg/mL）以及PBS制备成10%组织匀浆液。将组织匀浆液进行2000 r/min离心10 min。取上清液，立即进行ASF病原检测或冷冻储存备用。

2. 核酸提取

将采集并处理后得到的待检样本，阳性样本（ASFV核酸阳性的全血、血清、10%组织匀浆或细胞培养上清液）和阴性样本（无核酸酶水或ASFV核酸阴性的全血、血清、10%组织匀浆或细胞培养上清液），使用DNA提取试剂盒进行病毒的核酸提取。

3.PCR扩增

(1)PCR扩增体系如下(表1-16-1)。

表1-16-1　PCR反应体系

试剂	体积/μL
无核酸酶水	7.5
Premix Taq Version 2.0 plus dye	12.5
PPA-1(10 μmol/L)	1
PPA-2(10 μmol/L)	1
DNA模板	3
总计	25

每个样品按上表进行PCR反应体系的配制。每次PCR扩增时需设立阳性、阴性及空白对照。阳性对照中加入的模板为阳性对照样品所提取的核酸,阴性对照中加入的模板为阴性对照样品所提取的核酸,而空白对照则加入无核酸酶水作为模板。配制好的PCR反应体系通过瞬时离心混匀样品。

(2)PCR扩增条件。

将PCR管放入PCR仪中,按下列程序进行扩增:95 ℃预变性10 min;95 ℃变性15 s,62 ℃退火30 s,72 ℃ 延伸30 s,40个循环后72 ℃终延伸7 min。

(3)PCR扩增产物的电泳检测。

PCR扩增结束后,将所有PCR产物各取8 μL按编号分别加入2%琼脂糖凝胶中,在凝胶的合适位置加入DL 2000 DNA Marker。电泳30 min后取出凝胶,置于凝胶成像仪中观察并拍照保存结果。

【结果判定】

当阳性对照扩增出大小为257 bp的特异性条带,且阴性对照和空白对照无条带,则试验结果成立。此时,若被检样品中出现和阳性对照大小一致的条带,则判为ASFV核酸阳性;若被检样品中未扩增出特异性条带,则判为ASFV核酸阴性。

荧光PCR检测

【实验材料】

1.实验试剂

DNA提取试剂盒、无核酸酶水和荧光PCR预混液(2×)。针对ASFV B646L基因特异性PCR引物和探针。上游引物VP72-F1:5'-GCTTTC AGGATAGAGATACAGCTCT-3';下游引物VP72-R1:5'-CCGTAGTGGAAGGG TATGTAAGAG-3';TaqMan探针VP72-T1:FAM-CCGTAACTGCTCATGGTATC AATCTTATCG-BHQ1。

2.实验器材

荧光PCR仪、台式低温高速离心机、微量移液器及配套的无核酸酶枪头、无核酸酶离心管、PCR管、八联管等。

【实验方法】

1.样品采集及处理

方法同普通PCR。

2.核酸提取

方法同普通PCR。

3.荧光PCR扩增

(1)配制荧光PCR扩增体系(表1-16-2)。

表1-16-2 PCR反应体系

试剂	体积/μL
无核酸酶水	5.9
荧光PCR预混液(2×)	10
VP72-F1(10 μmol/L)	0.8
VP72-R1(10 μmol/L)	0.8
VP72-T1(10 μmol/L)	0.5
DNA模板	2
总计	20

每个样品按上表进行荧光PCR反应体系的配制。每次进行荧光PCR扩增时需设立阳性、阴性及空白对照。阳性对照中加入的模板为阳性对照样品所提取的核酸,阴性对照中加入的模板为阴性对照样品所提取的核酸,而空白对照则加入无核酸酶水作为模板。配制好的荧光PCR反应体系通过瞬时离心混匀样品。

(2)进行荧光PCR扩增。

将PCR管放入荧光定量PCR仪中,设定扩增程序为:50 ℃孵育2 min;95 ℃预变性5 min;95 ℃变性15 s,58 ℃退火延伸1 min,45个循环,在每一循环的58 ℃收集FAM荧光信号。

【结果判定】

1.试验成立条件

阳性对照的*Ct*值＜30且出现特异性扩增曲线，阴性对照无*Ct*值或阴性对照*Ct*值≥40且无特异性扩增曲线，试验结果成立。

2.结果判定

在试验成立前提条件下，被检样品*Ct*值≤38且出现特异性扩增曲线，判定为待检样品ASFV核酸阳性；当无Ct值或*Ct*值≥40，判定为ASFV核酸阴性；当38＜*Ct*值＜40且出现特异性扩增曲线，判定为可疑。对可疑样品，将模板量加倍(即加入4 μL DNA模板，无核酸酶水减少2 μL)再次进行荧光PCR，做3个重复；若有2个重复*Ct*值＜40且出现特异性扩增曲线，即判定为ASFV核酸阳性，否则，判定为ASFV核酸阴性。

阻断ELISA抗体检测

【实验材料】

1.实验试剂

包被抗原(ASFV P30重组蛋白)、酶标抗体(辣根过氧化物酶标记的抗ASFV P30蛋白单抗)、ASFV阳性和阴性对照血清、包被缓冲液、封闭缓冲液、稀释缓冲液、洗涤缓冲液、TMD底物溶液、终止液。也可使用商品化的非洲猪瘟阻断ELISA抗体检测试剂盒。

2.实验器材

酶标仪、酶标板、血清稀释板、恒温孵育箱、微量移液器及配套枪头、贮液槽、洗涤瓶、封板膜、滤纸等。

【实验方法】

1.将ASFVP30重组蛋白用包被缓冲液稀释成终浓度为0.3 μg/mL，按每孔100 μL包被96孔酶标板，37 ℃饱和湿度下吸附2 h，用洗涤缓冲液洗板4次，加入封闭缓冲液(300 μL/孔)，37 ℃饱和湿度下吸附2 h，用洗涤缓冲液洗板4次后拍干。

2.参考表1-16-3在酶标板布局对照和样品加样位置，每孔加入50 μL稀释液，在A1、B1孔加入50 μL阳性对照血清，在C1、D1孔加入50 μL阴性对照血清，在E1、F1孔加入50 μL稀释液，其余每孔加入50 μL血清样品，37 ℃条件下孵育60 min。

3.弃去反应孔中的液体，以洗涤缓冲液(300μL/孔)清洗5次。

4. 用稀释缓冲液将酶标P30单抗稀释至工作浓度，加入酶标板，100 μL/孔，37 ℃条件下孵育30 min。

5. 弃去反应孔中的液体，同步骤(3)洗涤。

6. 加入底物溶液(100 μL/孔)，室温避光作用15 min。

7. 加入终止液(100 μL/孔)终止反应。

8. 用酶标仪在450 nm波长下测定各孔OD值，计算阻断率。

表1-16-3　非洲猪瘟阻断ELISA抗体检测样品加样记录表(引自GB/T 18648-2020)

	1	2	3	4	5	6	7	8	9	10	11	12
A	P	S3										
B	P	S4										
C	N	S5										
D	N	S6										
E	Cm	S7										
F	Cm	S8										
G	S1	S9										
H	S2	S10										

注：P表示阳性血清对照孔；N表示阴性血清对照孔；Cm表示酶标单抗对照孔；S1、S2、S3和S4表示待检血清孔。

阻断率计算公式如下：

$BRs=100-(OD_{450-S}\times100)+OD_{450-Cm}$

$BR_{NC}=100-(OD_{450-NC}\times100)+OD_{450-Cm}$

$BR_{PC}=100-(OD_{450-PC}\times100)+OD_{450-Cm}$

其中，BRs指待检血清样品阻断率；BR_{NC}指阴性对照血清阻断率；BR_{PC}指阳性对照血清阻断率；OD_{450-S}指待检血清样品OD_{450}值；OD_{450-NC}指阴性对照血清OD_{450}值；OD_{450-PC}指阳性对照血清OD_{450}值；OD_{450-Cm}指酶标单抗对照OD_{450}值。

【结果判定】

1. 试验成立条件

阳性对照阻断率＞70，且阴性对照阻断率＜30，试验结果有效。

2. 结果判定

在试验成立的前提下，待检样品阻断率＞50，则判定为ASFV抗体阳性；待检样品阻断率≤50，则判定为ASFV抗体阴性。

【注意事项】

非洲猪瘟是我国规定的一类动物疫病，病料处理等其他相关操作应按《中华人民共和国动物防疫法》的要求进行。

【思考题】

1. 非洲猪瘟的实验室诊断方法有哪几种？选择不同诊断方法的依据有哪些？

2. 某地疑似发生一起非洲猪瘟疫情，应如何进行确诊，采取哪些措施？

【参考文献】

1. 国家市场监督管理总局，中国国家标准化管理委员会. 非洲猪瘟诊断技术 GB/T 18648-2020 [S]. 北京：中国标准出版社，2020.

2. 中华人民共和国国家质量监督检验检疫总局. 非洲猪瘟检疫技术规范 SN/T 1559-2010 [S]. 北京：中国标准出版社，2010.

实验17

伪狂犬病的实验室诊断

伪狂犬病是由伪狂犬病病毒(PRV)感染猪、牛、羊、兔等多种动物引起的传染病,该病对猪的危害最为严重,主要引起怀孕母猪流产、木乃伊胎和死胎,仔猪的神经症状和呼吸道症状。依据我国国家标准《伪狂犬病诊断方法》(GB/T 18641- 2018)规定:伪狂犬病的实验室诊断方法包括病毒分离鉴定、聚合酶链式反应(PCR)和家兔接种试验等病原检测方法,以及血清中和试验、乳胶凝集试验、伪狂犬病毒抗体ELISA(PRV-ELISA)、猪伪狂犬病gB-ELISA(阻断法)和gE-ELISA(阻断法)等抗体检测方法。本实验主要介绍伪狂犬病病毒的分离鉴定、PCR检测、血清中和试验和gB抗体ELISA检测等。

【实验目的】

1. 了解伪狂犬病实验室诊断方法的基本原理。
2. 掌握伪狂犬病实验室诊断的操作技术和结果判定标准。

病毒的分离鉴定

【实验材料】

1. 实验试剂

DMEM培养基、0.25%胰酶溶液、磷酸盐缓冲液、仓鼠肾细胞(BHK-21)、猪肾上皮细胞(PK-15)、胎牛血清、青霉素、链霉素等。

2. 实验器材

高速冷冻离心机、研钵或组织匀浆器、生物安全柜、微量移液器、直径为0.45 μm滤膜的滤器、细胞培养瓶、吸管、移液器枪头等。

【实验方法】

1.采集病料

采集病/死畜的脑组织(含三叉神经节)、肺脏和扁桃体等组织,在2～8 ℃冷藏条件下运输送检。

2.处理样品

将待检样品剪碎并组织匀浆化,加入5倍体积的DMEM制成悬液,反复冻融3次,10000×g离心10 min。取上清液,加入终浓度为300 IU/mL的青霉素溶液和100 μg/mL的链霉素溶液过夜或4 ℃条件下处理4 h,再经孔径为0.45 μm滤膜过滤,-80 ℃保存备用。

3.接种细胞

将以上病料滤液按照细胞培养液1/10量接种至BHK-21(或PK-15)细胞单层,37 ℃条件下于5%CO_2细胞培养箱中吸附1 h,加入含10%胎牛血清的DMEM培养液(胎牛血清预先于56 ℃条件下灭活30 min),继续培养,每天观察细胞病变情况。

【结果判定】

1.接种后36～72 h,若细胞出现变圆、拉网、脱落等现象,可初步判定为伪狂犬病病毒感染阳性。若第一次接种没有出现细胞病变,可将细胞培养物冻融后,盲传3代,若仍无细胞病变,判定为伪狂犬病病毒感染阴性。

2.将出现细胞病变的培养物,用已知的伪狂犬病病毒阳性血清做病毒中和试验、聚合酶链式反应或家兔感染实验,可进一步鉴定。

聚合酶链式反应

【实验材料】

1.实验试剂

DNA提取试剂盒、PCR检测相关试剂、琼脂糖、TEN缓冲液(含Tris-HCl、EDTA和NaCl)、溴化乙锭(EB)或新型核酸染料、gD基因检测引物序列(上游引物P1:5'-CAGGAGGACGAGCTGGGGCT-3'和下游引物P2:5'-GTCCACGCCCCGCTTGAAGCT-3')、gE基因检测引物序列(上游引物P3:5'-TTTGGATCCATGCGGCCCTTTCTG-3'和下游引物P4:5'-TTTGAATTCTTACGACACGGCGTCGCA-3')。

2.实验器材

高速离心机、研钵或组织匀浆器、生物安全柜、PCR仪、凝胶成像系统、水浴锅、电子天平、微量移液器、移液器枪头、EP管、PCR管等。

【实验方法】

1.采集样品

采集病/死畜的脑组织(含三叉神经节)、肺脏和扁桃体等组织;待检活猪,则用灭菌棉签伸入猪鼻腔中,同一方向转动3次,即为鼻拭子;也可采集成年猪扁桃体;公猪精液;在2~8 ℃冷藏条件下运输送检。

2. DNA模板制备

组织病料经组织匀浆仪处理后,加入5倍体积的TEN缓冲液制成悬液,收集于离心管中,反复冻融3次,10000×g离心10 min后取上清液;鼻拭子样品,需加入1 mL TEN缓冲液旋涡10 min后挤压棉签,悬液10000×g离心5 min,取上清液;精液样本,先用灭菌PBS做10倍稀释,再用于后续核酸提取。取以上获得的上清液或稀释好的精液,按照DNA提取试剂盒说明书操作提取病毒DNA,-20 ℃条件下贮存备用。

3.聚合酶链式反应(PCR)扩增

(1)扩增伪狂犬病毒gD基因PCR反应体系。

总体积25 μL,Mix 12.5 μL,引物P1、P2各1.0 μL(10 μmol/L),H_2O 5.5 μL,DNA 5.0 μL。扩增条件:94 ℃预变性5 min;94 ℃ 30 s,65 ℃ 30 s,72 ℃ 30 s,35个循环后72 ℃延伸10 min。

(2)扩增伪狂犬病毒gE基因PCR反应体系。

总体积25 μL,Mix 12.5 μL,引物P3、P4各1.0 μL(10 μmol/L),H_2O 5.5 μL,DNA 5.0 μL。扩增条件:94 ℃预变性5 min;94 ℃ 30 s,60 ℃ 30 s,72 ℃ 30 s,35个循环后72 ℃延伸10 min。

4. PCR扩增产物检测

取8~10 μL PCR扩增产物加入含有溴化乙锭(EB)或新型核酸染料(EB替代物)的1%琼脂糖凝胶的各电泳孔中(设阳性和阴性样品扩增对照孔),电泳后,在凝胶成像系统下观察结果。

【结果判定】

1.阴性对照孔无条带出现,且阳性对照和被检样品的扩增产物大小为217 bp(gD基因),可判定为伪狂犬病病毒阳性,但不能区分gE基因缺失疫苗毒株和野毒株。

2. 阴性对照孔无条带出现，且阳性对照和被检样品的扩增产物大小为368 bp（gE基因），可判定为伪狂犬病病毒野毒株阳性。如被检样品未出现扩增产物，但出现以上判定结果1的阳性结果，可判定样品为gE基因缺失疫苗毒株。

血清中和试验

【实验材料】

1. 实验试剂

DMEM培养液、0.25%胰酶、PK-15细胞、伪狂犬病阳性血清、阴性血清、伪狂犬病病毒等。

2. 实验器材

二氧化碳培养箱、生物安全柜、微量移液器、细胞培养瓶、96孔细胞培养板、吸管、移液器枪头等。

【实验方法】

1. 培养和收获病毒

将伪狂犬病病毒接种于长成单层的PK-15细胞，在37 ℃细胞培养箱中培养，待细胞出现病变后，将细胞培养物反复冻融至细胞裂解，离心去除细胞碎片，获得病毒。

2. 测定病毒效价

（1）用DMEM培养液将病毒进行10倍倍比稀释，每个病毒稀释度按100 μL/孔，加入96孔细胞培养板的一列8个孔中。

（2）每孔加入100 μL经胰酶消化的PK-15细胞悬液（细胞量在10^5 CFU/mL左右为宜）。设置非接毒、加等量DMEM的正常细胞作为对照。置于37 ℃ 5% CO_2培养箱中培养。

（3）逐日观察接毒细胞的病变，观察4～5 d，记录每个病毒稀释度接种细胞发生细胞病变（CPE）的孔数。在观察期内，未接种病毒的细胞应无CPE。

（4）按照Reed-Muench法计算病毒变数细胞培养物感染量（$TCID_{50}$）。

3. 测定血清中和抗体效价

（1）灭活血清。

将无溶血、清亮的待检血清置于56 ℃水浴中灭活30 min。

(2)稀释血清。

在细胞培养板孔中加入50 μL DMEM培养液,随后在第1孔加入待检血清50 μL混匀后,用微量移液器取出50 μL加至第2孔中,混匀后再取50 μL加至第3孔中,依此类推,直至第10孔。弃去第10孔混合液50 μL,血清稀释度即为1:2、1:4、1:8至1:1024,每份待检血清稀释度做4个重复。

(3)加入病毒。

将50 μL含200个$TCID_{50}$的病毒液加入不同稀释度的血清孔中,37 ℃条件下作用1 h。

(4)接种细胞。

每孔中加入100 μL PK-15细胞悬液(细胞数量为$3×10^5$~$5×10^5$ CFU/mL),置于37 ℃ 5% CO_2培养箱中培养。

(5)设立对照。

每次试验均需设置病毒对照组,将200个$TCID_{50}$病毒液做10倍、100倍、1000倍稀释。每孔加入50 μL不同稀释度的病毒液、50 μL DMEM培养液和100 μL PK-15细胞悬液。每个稀释度病毒4个重复。

同时,还需设立血清对照组,用已知中和效价的阳性血清、阴性血清与相同滴度的病毒孵育后,接种PK-15细胞,作为血清对照组。

另外,设置正常培养细胞对照。

【结果判定】

1. 每天观察、记录病变和非病变的孔数,连续观察4~5 d。1000倍稀释病毒对照组不引起细胞病变,100倍稀释病毒对照组应有0~2孔细胞病变,10倍稀释病毒对照组均应有细胞病变;阳性血清、阴性血清和正常细胞对照组应成立,待检血清对PK-15细胞应无毒性,测定结果方有效,否则试验不成立。

2. 按照Reed-Muench法计算抗体效价,如果血清中和效价≥1:2,则可判定伪狂犬病抗体阳性。

猪伪狂犬病病毒gB-ELISA(阻断法)

本实验中包被抗原的是gB重组蛋白,为抗原。酶标抗体是抗伪狂犬病病毒gB蛋白的单克隆抗体。如果血清中没有抗gB抗体,则包被抗原就会与酶标抗体结合,加入底物就会显色。如果血清中有gB抗体，就会阻断酶标抗体与gB蛋白的结合，加入底物将不显色或显色很浅。

【实验材料】

1. 实验试剂

伪狂犬病病毒gB重组蛋白为抗原的ELISA包被板、辣根过氧化物酶（HRP）标记的抗伪狂犬病病毒gB单克隆抗体、阳性血清、阴性血清、待检血清、四甲基联苯胺（TMB）底物溶液、洗涤液、终止液等。

2. 实验器材

酶标仪、恒温培养箱、微量移液器、酶标板、移液器枪头、二级或三级水等。

【实验方法】

1. 待检血清稀释

用样本稀释液将待检血清、阴性对照、阳性对照作1∶1倍稀释，其中阴性和阳性对照各做2个重复。

2. 血清孵育

取稀释的血清100 μL加入抗原孔中，18 ~ 26 ℃条件下作用1 h。

3. 洗涤

甩掉板孔中的溶液，加洗涤液300 μL/每孔，洗涤3次。

4. 加酶标抗体

加入辣根过氧化物酶标记的gB单克隆抗体，室温下作用20 min，洗涤3次。

5. 加底物显色

每孔加入100 μL TMB底物溶液，室温下避光显色15 min。

6. 终止反应及吸光值（OD_{650}）测定

每孔加入50 μL终止液，终止反应。在酶标仪上于650 nm波长条件下测定吸光度值。

【结果判定】

1. 对照组中，阴性血清平均OD值减去阳性血清平均OD值之差大于0.3时，试验有效。

2.按照以下公式计算待检血清样品OD_{650}与阴性血清OD_{650}之比（S/N）值：

$S/N=SC_x/NC_x$

式中：SC_x指样品OD_{650}值；NC_x指（$A_1OD_{650}+A_2OD_{650}$）/2。

当S/N＞0.7时，判定为伪狂犬病病毒gB抗体阴性；当S/N＜0.6时，判定为伪狂犬病病毒gB抗体阳性；当S/N值在0.6～0.7时，判定为伪狂犬病病毒gB抗体可疑，于9～14 d后对可疑样本来源猪再次采血，重复检测，如仍为可疑，则判为阴性。

【注意事项】

1.“病毒的分离鉴定”中，如果从送检样本中分离到伪狂犬病病毒，则是确诊该病的依据，但如果未分离到伪狂犬病病毒，也不能完全说明未感染。

2.目前，检测伪狂犬病病毒抗体的项目主要包括猪伪狂犬病病毒抗体ELISA（PrV-ELISA）、猪伪狂犬病病毒gB抗体ELISA（gB-ELISA）和猪伪狂犬病病毒gE抗体ELISA（gE-ELISA），这三种方法均只能用于猪的血清样本检测。

3.由于目前绝大多数伪狂犬病疫苗是gE基因缺失苗，因此免疫猪不会产生gE抗体，只有感染猪才能产生gE抗体。因此，本实验“猪伪狂犬病病毒gB-ELISA（阻断法）”部分，gB抗体阳性不能确定是疫苗抗体还是野毒感染抗体，而通过gE-ELISA检测（可参照NY/T 678中“gE-ELISA”）可确定是否有野毒感染。

【思考题】

1.伪狂犬病实验室诊断的技术和方法有哪些？

2.伪狂犬病抗体诊断技术与分子生物学诊断技术各自的优缺点有哪些？

【参考文献】

1.国家市场监督管理总局，中国国家标准化管理委员会．伪狂犬病诊断方法 GB/T 18641-2018[S]. 北京：中国标准出版社，2018.

2.陈溥言．兽医传染病学实验指导[M]. 北京：中国农业出版社，2016.

第二部分

动物传染病学实训

实训1

动物传染病临床诊断

动物传染病是由病原微生物引起，具有发病动物数量多、传播快、发病率和病死率高等特点，常引起动物大批死亡，造成严重的经济损失。尽早诊断，尽快采取防制措施是减少经济损失的有力手段，因此正确的临床诊断十分重要。临床诊断主要包括流行病学诊断、临床症状诊断、病理剖解诊断三项，掌握动物传染病的临床诊断方法在传染病的防治工作中具有十分重要的意义。

【案例】

重庆市某种猪场共有猪只800多头，开始时只有几头发病，以后逐渐增多，症状主要表现为精神高度沉郁，食少或不食，体温41.7 ℃，两眼有大量黏性分泌物，便秘，粪便呈球状。病程长的猪，有皮肤充血变成紫斑，耳尖、腹下、四肢有小出血点，四肢麻痹，不能站立等症状，死亡30多头。有的怀孕母猪出现流产、死胎、弱仔，弱仔几天后腹泻，粪便黄色，有的有神经症状，很快死亡。剖解主要表现为淋巴结肿大、充血、出血、切面呈红白相间的大理石样外观，肾脏土黄色、有数量不等的小点状出血，脾脏边缘有黑色的梗死灶，盲肠、结肠及回盲瓣处黏膜上形成纽扣状溃疡，喉头黏膜、会厌软骨、膀胱黏膜、心外膜、肺及肠浆膜等黏膜有小出血点。

【问题】

1.根据以上资料，如何进行临床诊断？

2.临床诊断怀疑是什么病？如何制定防控方案？

【实训任务】

1.掌握动物传染病临床诊断的方法及步骤。

2.掌握动物传染病临床诊断的注意事项。

【实训方案】

1.实训材料

(1)发病动物或病死动物。

由发病的养殖场或实验动物中心提供。

(2)剖解器械及其他材料。

手术刀、剪、镊、酒精灯、体温计、接种环、LB肉汤培养基、一次性乳胶手套、采样袋、一次性注射器、采样管、消毒剂等。

2.实训步骤

(1)动物传染病疫情调查及流行病学诊断。

①发生疫情的地区及养殖场名称和地址。

②发生疫情的养殖场或地区的一般特征。

主要包括发病地的地理情况,地形特征,气象资料,兽医及技术人员的数量、文化程度、技术水平、工作态度,养殖动物的数量、品种和用途等。

③疫场的兽医卫生情况。

疫场及邻近地区动物的饲养情况和饲养水平,饲料的来源、水源及饮水情况,饲养管理情况,养殖场卫生情况以及污水的处理及排出情况等。

免疫程序、预防性消毒措施及一般预防措施的制定及执行情况等。

有无检疫室、隔离室、解剖室,尸体处理、利用、毁灭的方法,有无兽医监督等。

④一般流行病学调查。

该疫地的动物何时患过何种传染病,本次发病动物的数量、日龄、发病率、病死率,邻近地区动物的发病情况,动物进出的情况,预防检疫的执行情况等。

⑤疫情流行过程特征。

主要包括传染源和传染病暴发的调查,传染病由外面传入和传播途径的推测,传染病的散播情况,流行过程的情况,诊断结果,所采用的诊断方法等。

⑥临床资料调查。

主要有临床症状表现,特别是特征性临床症状;临床的表现症型,如最急性型、急性型、亚急性型、慢性型,如进行了实验室检测,则分析隐性感染的数量及感染率等。

⑦病理剖解资料调查。

如已经剖解过部分患病或病死动物,可调查剖解动物的数量及病理变化,特别注意典型明显的眼观病变，如肿大、出血、坏死、梗死、溃疡等明显眼观病变。

⑧已采取的措施及效果调查。

主要包括：对疫病已经采取的措施及目前的效果，所用的消毒药及消毒措施，以及紧急预防接种情况、用药情况、卫生及饲养管理情况等。

(2)临床症状诊断。

通过观察临床表现，特别是特征性临床表现，进行传染病的诊断称为临床症状诊断，如猪出现“木马样”症状可诊断为破伤风。临床症状诊断主要有视诊及各种临床检查，如体温、呼吸次数、心跳次数、血常规等检查。根据临床症状检查的结果进行综合分析，推测和判定可能是什么病，为采取防制措施提供依据。

①一般临床症状观察。

主要观察精神状态、食欲、皮肤、被毛(羽毛)等情况。

② 常规检查。

主要借助一些常规器材等进行体温、呼吸次数、心跳次数的检查。

③特殊临床症状观察。

包括观察皮肤、眼、耳、鼻、口腔、乳房、蹄、尾、腹部等处的皮肤和黏膜变化或病变；观察呼吸系统症状(也可采用听诊和触诊进行)；观察消化系统症状，如是否腹泻，粪便性质、颜色，是否带有血液、黏液等；观察神经系统症状，主要观察是否有神经症状，如麻痹、抽搐等；其他症状的观察，如关节是否有肿大、跛行等。

(3)病理剖解诊断。

是运用病理解剖知识，通过检查动物尸体的病理变化，特别是特征性的病理变化来诊断传染病的一种方法。剖检时，必须对病尸的病理变化做全面观察，客观描述，详细记录，然后运用辩证唯物主义的观点，进行科学分析和推理判断，从中做出符合客观实际的病理解剖诊断，从而提高临床诊断的质量。在临床实践中，通过尸体病理剖检诊断，可以检验临床症状诊断和治疗的准确性，及时总结经验，提高诊疗质量。通过组织器官特征病变的观察，结合临床症状和流行病学调查等，可以及早做出诊断，及时采取有效的防治措施。因此，病理剖解诊断在动物传染病的临床诊断中具有十分重要的作用。

动物尸体剖解时，应按规定进行处理和消毒，主要观察出血、坏死、坏死灶、溃疡、肿大、水肿等明显病变，如病变不明显时，可多解剖几具动物尸体进行观察。

①外观病变观察。

主要观察眼、耳、口、鼻、肛门等天然孔，全身皮肤、关节、蹄部、乳房等部位是否有病变，并做好记录。

②胸腹部皮下、结缔组织及脏器的观察。

首先观察皮下、结缔组织、腹股沟淋巴结、腹腔、肝、脾、肾、膀胱黏膜、肠系膜淋巴结、胸腔、心及心包、肺、气管、喉头、会厌软骨、扁桃体、鼻腔、脑；再观察消化道浆膜和黏膜，食道、胃、小肠、大肠等处的病变，并做好记录。

(4)实验室诊断。

以上临床诊断不能确诊，只能怀疑可能是什么病。为了确诊，可进行细菌或病毒的分离培养，也可无菌采集病料送实验室进行确诊，详见本书实训2和实训3部分。

3.注意事项

(1)如怀疑为炭疽死亡动物尸体，严禁剖解。

(2)在观察病变时，应重点观察明显病变，如出血、坏死、梗死、溃疡、增生等，根据情况可多剖检几头(只)动物，以提高诊断准确率。

(3)在进行临床诊断时，应做到认真、仔细、客观，科学地分析和推测可能是什么病，怀疑是什么病。

(4)在进行动物尸体剖检时要做好自身防护，同时剖检动物尸体要进行无害化处理，场地严格消毒，避免散布病原。

【评价考核】

1.按照附表3完成动物传染病学实训评价考核。每组的实训诊断报告和个人总结应在实训结束后3天内完成，按时完成且得分＞60分者为达标。

2.实训成绩以30%~50%计入课程成绩。

【思考题】

1.就本实训中的案例写出临床诊断的分析思路，并写出所怀疑的病及其依据。

2.本实训中的案例，如要进行实验室确诊，应采集哪些病料，进行哪些实验室诊断？

【参考文献】

1.郑明球.家畜传染病学实验指导(第3版)[M].北京：中国农业出版社，1999.

2.陈溥言.兽医传染病学实验指导[M].北京：中国农业出版社，2016.

3.周作勇，胡世君.动物传染病学(案例版)[M].重庆：西南师范大学出版社，2019.

实训2

动物细菌性传染病的实验室诊断

细菌的种类繁多，而且在临床上防控致病菌的疫苗有限，抗菌药物一直是控制动物细菌性传染病的关键。由于病原菌对药物容易产生耐药性，以及2020年饲料全面禁止添加抗生素（中华人民共和国农业农村部公告第194号），加之部分养殖场饲养管理不善等因素，临床上常见动物细菌性传染病发生。因此，掌握动物细菌性传染病实验室诊断的思路和流程具有重要意义。

【案例】

案例：四川泸州市某鸭场所养鸭发病，自发病以来已陆续死亡200多只。主诉该场已经建了2年，第一年出栏10000余只，很少有发病死亡的情况。目前，该场共养20日龄鸭1800余只，30日龄鸭1600余只。所有鸭1日龄时接种鸭肝炎高免卵黄抗体，6~7日龄鸭接种巴氏杆菌灭活苗，每周用黄连解毒散+胃动力拌料饲喂3 d，同时以氟苯尼考原粉和多西环素拌料进行细菌性疾病预防。临床观察发现，病鸭表现为精神沉郁，腹泻、排出黄绿色稀粪，呼吸困难。剖检发现，病鸭肝脏肿大出血，其表面覆盖一层灰白色的纤维素性附着物，心包积液严重，其他脏器无明显的病变。

综合上述症状和病变，怀疑是由细菌性病原感染引起鸭发病死亡。

【问题】

1. 如何确诊该鸭场发生细菌性传染病？

2. 分析该养鸭场发病的原因，应如何制定防控方案？

【实训任务】

1. 掌握动物细菌性传染病实验室诊断的思路和方法。

2.掌握制定动物细菌性传染病防控措施的注意事项。

【实训方案】

1.实训材料

(1)动物病料。

按本书实验2的方法采集病料,低温运送和保存。特别注意采样过程中应严格执行无菌操作,避免样本污染。此外,用于细菌性传染病实验室诊断的病料严禁冷冻。

(2)主要试剂。

①培养基:LB营养肉汤、LB营养琼脂、兔抗凝血(用于制备鲜血琼脂)、胎牛或马血清(可加入液体培养基培养营养要求高的细菌),其他特殊培养基,如支原体基础培养基、麦康凯琼脂培养基、SS琼脂培养基及一些细菌的鉴别或增菌培养基等。

②生化实验管:肠杆菌科细菌生化编码鉴定管、非发酵细菌生化编码鉴定管、链球菌细菌生化编码鉴定管、发酵型革兰氏阴性杆菌生化编码鉴定管等。

③染色试剂:瑞氏染液、姬姆萨染液、石炭酸复红染液、革兰染液等。

④分子生物学检测试剂:细菌基因组DNA提取试剂盒、Lysis Buffer for Microorganism to Direct PCR、PCR反应缓冲溶液(10×PCR buffer)(Mg^{2+} Free)、$MgCl_2$(25 mmol/L)、脱氧核苷三磷酸(dNTPs,含dATP、dCTP、dGTP和dTTP)(2.5 mmol/L)、Taq DNA聚合酶(5U/μL)、DL2000 DNA Marker等。

⑤检测引物:扩增细菌性病原16S rRNA的通用引物(上游引物SF:AGAGTTTGATCCTGGCTCAG,下游引物SR:CGGCTACCTTGTTACGACTT,预计扩增片段1500 bp左右),检测特定种类细菌性病原的特异性引物等。

⑥药敏纸片:氨苄青霉素(氨苄西林)纸片、头孢噻肟(凯福隆)纸片、链霉素纸片、丁胺卡那霉素(阿米卡星)纸片、庆大霉素纸片、新霉素纸片、林可霉素(洁霉素)纸片、复方新诺明纸片、大观霉素(壮观霉素)纸片、环丙沙星(环丙氟哌酸)纸片等多种抗生素及药敏纸片。

(3)实验动物。

昆明系小鼠、家兔或一些病料来源的同类本体动物。

(4)仪器及其他材料。

显微镜、离心机、PCR仪、凝胶成像系统、酒精灯、接种环、载玻片、香柏油、擦镜纸、洗瓶、滤纸、二甲苯、无菌水、鼠笼、小鼠饲料、10 μL和100 μL微量移液器、1.5 mL EP管、200 μL PCR检测管、一次性乳胶手套等。

2.实训步骤

动物细菌性传染病的实验室诊断流程如图2-2-1所示。

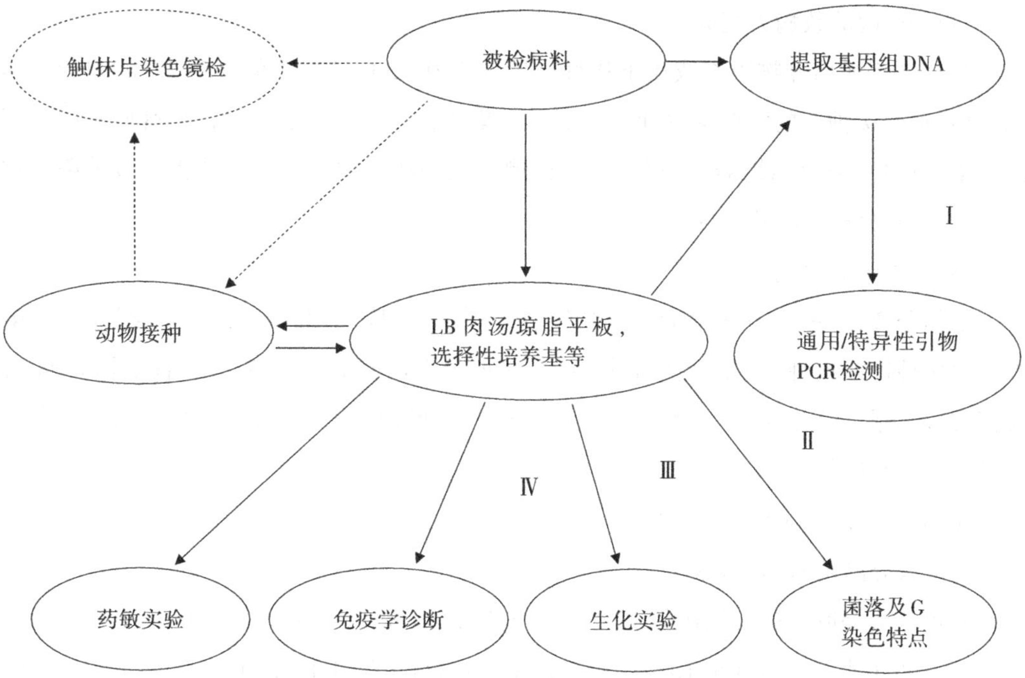

图2-2-1 细菌性传染病的实验室诊断程序

注:虚线表示对巴氏杆菌病等病原形态特征明显的传染病的诊断;Ⅰ-Ⅳ指细菌性传染病实验室诊断的常见方法,其检测顺序不固定;G表示革兰染色。

(1)直接涂片染色镜检。

取新鲜病料,如心血、肝脏、脾脏、肺脏、肾脏、心包或胸腹腔积液等,直接制成涂/触/抹片,用革兰染液、瑞氏染液、姬姆萨染液或碱性美蓝等染色后镜检。

(2)细菌分离培养及纯化。

取病料接种于LB营养肉汤(含或不含5%血清)、LB营养琼脂(含或不含5%兔血)或支原体基础培养基、麦康凯琼脂培养基、SS琼脂培养基及一些细菌的鉴别培养基上,待分离出细菌后,进一步纯化。

(3)分离菌的形态学观察。

①观察分离菌在液体培养基中的生长表现,是混浊生长还是沉淀生长,是否形成菌膜。

②观察分离菌在固体培养基中的生长表现,主要是单个菌落的形状、大小、表面性状、隆起度、颜色及透明度、硬度以及溶血情况等。

③观察分离菌纯培养物的革兰染色镜检情况，主要观察菌体的一般形状、排列情况以及革兰阴性或阳性等。

(4)分离菌的致病力实验。

取分离菌纯培养物腹腔或皮下接种小鼠(0.2~0.3 mL/只)、家兔(1.0~2.0 mL/只)或本体动物，观察接种后的实验动物死亡情况。采集死亡后的动物心血、肝脏、脾脏和腹水等抹片染色镜检，或分离培养后染色镜检，检测致死动物体内能否分离获得与接种菌一致的细菌，明确分离菌的致病性。

(5)分离菌的生化鉴定。

培养分离菌，根据分离菌的培养特性、形态及染色特点，选择事宜的生化管，以无菌操作用接种针或接种环移取纯培养物少许，接种于生化鉴定管中，37 ℃条件下培养24 h，观察实验结果。详细生化实验原理、操作步骤及结果判定方法，可参考相应的动物微生物学实验教程进行。

(6)分离菌的分子生物学鉴定。

①提取分离菌基因组DNA。

A.水煮法提取：取1 mL菌液，12000 r/min离心5 min，弃上清液，以100 μL无菌蒸馏水重悬，在100 ℃水浴中煮沸5~10 min，迅速冰浴5 min，4 ℃条件下12000 r/min离心5 min，取上清液，即为细菌基因组DNA，-20 ℃保存备用。

B.裂解液裂解制备：挑取琼脂平板培养基上的单个菌落于50 μL Lysis Buffer for Microorganism to Direct PCR中，80 ℃水浴15 min，离心取上清液，即为细菌基因组DNA，-20 ℃条件下保存备用。

C.商品化试剂盒提取DNA：参照细菌基因组DNA提取试剂盒提取分离菌的基因组DNA，-20 ℃条件下保存备用。

②分离菌16S rRNA扩增及测序。

以细菌性病原16S rRNA通用引物进行PCR扩增，扩增体系为10×PCR buffer 2.5 μL，$MgCl_2$ 1.0 μL，dNTPs 0.5 μL，SF和SR(20 μmol/L)各0.5 μL，Taq DNA聚合酶0.25 μL，ddH_2O 18.75 μL，基因组DNA 1.0 μL。

反应程序为：94 ℃预变性5 min；94 ℃变性30 s，55 ℃复性30 s，72 ℃延伸1 min，30个循环；最后，72 ℃延伸7 min。以1 %琼脂糖凝胶电泳检测PCR产物，凝胶成像系统照相。

PCR扩增产物送生物测序公司进行双向测序。

③序列比对分析。

将分离菌16S rRNA基因测序结果通过NCBI的BLAST程序进行在线比对，根据与

GenBank中细菌16S rRNA基因序列的相似度，判定其类别。

（7）分离菌的药敏实验。

采取纸片扩散法检测分离菌的药物敏感性。

①培养待测菌，利用涂布法或密集划线法将待测菌均匀接种在琼脂培养基表面，室温下放置数分钟。

②以无菌的镊子夹取相应的药敏纸片，贴放在已经接种过待测菌的琼脂平板培养基表面上，轻压纸片使其与培养基平面适当接触，药敏纸片之间距离要相等，且纸片之间间距应大于3 cm，纸片亦不可太靠近培养皿边缘。

③37 ℃条件下培养24~48 h，观察结果，以游标卡尺或直尺测量抑菌圈的直径。

（8）细菌性传染病的免疫学诊断。

对于一些致病菌，特别是一些胞内寄生菌等，在动物临床上通常缺乏相应的疫苗，或者虽然有疫苗，但根据特定地区疫病防控要求，不能免疫接种，只采取检疫淘汰的办法进行净化。这种情况下，可以采取免疫学诊断方法，如结核检疫、布鲁氏菌病凝集实验、鸡白痢平板凝集实验等。具体内容详见本书上述疾病的实验室诊断部分。

3.注意事项

（1）在以分子生物学实验进行诊断时，可以不进行细菌的分离培养，直接采取病料提取样本DNA，以细菌鉴定特异性引物进行PCR扩增，以提高效率。但直接提取组织DNA检测细菌感染，假阴性率较高。

（2）分离菌16S rRNA基因PCR扩增测序比对一般用于完全不明确的病原菌感染诊断。如果结合形态和染色特点有疑似怀疑的病原菌，也可直接用特异性引物检测，提高效率。此外，目前实时荧光定量PCR、多重PCR检测和可视化基因芯片检测等技术的建立，对提高细菌性传染病的诊断敏感性和效率具有重要意义。

（3）分离菌对动物的致病性实验非常重要，这是确定分离菌是否是所发生的动物传染病病原的关键，因此只有在明确分离菌是否有致病力的前提下，进一步开展鉴定才更有价值。

（4）在临床实践中，当动物发病严重时，为有效控制疫情发展，减少损失，可以在分离出疑似病原菌时，先做药敏实验，为临床利用敏感药物控制疫情提供指导，然后再进行病原菌的鉴定。

（5）并非要完成上述实训中的全部内容，才能确诊动物细菌性传染病的病原，通常只需要根据其中部分内容即可完成鉴定。

【结果分析】

1. 直接涂片法主要适用于一些特殊形态的细菌，如巴氏杆菌(多呈卵圆形，两极浓染)、链球菌(圆形或椭圆形，成对或3~5个菌体排列成短链状)、猪丹毒杆菌(细小杆菌，散在、成对或成堆)、炭疽杆菌(两端平截大杆菌，单个或成对存在，偶有短链、竹节状)等病原感染的快速诊断。

2. 通常根据分离菌的生长特性、染色特点和生化实验结果即可判定出其种属，然而其不足是该过程较为烦琐。当上述传统的诊断方法不能确定病原菌时，需进一步开展分子生物学诊断。

3. 分子生物学诊断中，根据分离菌16S rRNA基因序列与GenBank中已知细菌16S rRNA基因序列的相似度可判定分离菌种属。一般情况下，相似度在99%以上，可以认定为同种，而相似度在97%以上，可以认定为同属。

4. 对于药敏实验，需按照美国临床与实验室标准化研究所(CLSI)标准判定分离菌的药物敏感性。根据药敏实验结果，指导临床选药和用药，以控制特定发病养殖场相应的细菌性传染病。

【拓展提高】

[1] 魏春霞，孙 淼，赵炜，等. 牛布鲁氏菌病、结核、炭疽、口蹄疫、病毒性腹泻黏膜病、副流感、传染性鼻气管炎可视化基因芯片检测方法的建立[J]. 中国兽药杂志，2019，53(4)：6-15.

[2] 李田美，吴正双，许大伟，等. 羊梭菌病快速鉴别PCR方法的建立及初步应用[J]. 动物医学进展，2019，40(7)：20-25.

[3] 包细明，张益，鲜思美，等. 鉴别四种鸭源肠道易感病原菌的多重PCR的建立[J]. 中国兽医科学，2018，48(12)：1542-1547.

[4] 张玉龙，马志宇，崔耀成，等. 肉牛呼吸道感染主要细菌性病原多重PCR检测方法的建立[J]. 浙江农业学报，2020，32(2)：210-217.

[5] 梁华，王少辉，吴晓君，等. 禽大肠杆菌、肠炎、鼠伤寒、鸡白痢及鸡伤寒沙门菌多重PCR方法的建立及应用[J]. 微生物学通报，2019，46(4)：960-966.

【评价考核】

1. 按照附表3完成动物传染病学实训评价考核。每组的实训诊断报告和个人总结应在实训结束后3天内完成，按时完成且得分>60分者为达标。

2.实训成绩以30%~50%计入课程成绩。

【思考题】

1.就本实训中的案例，写出实验室确诊鸭场所发生的细菌性传染病的方案。

2.如何根据实验室诊断及药敏试验结果制定防控措施？

【参考方法】

1.细菌/样本涂/触片制备

准备清洁的载玻片，液体材料(如液体培养物、血液、渗出液、乳汁等)可直接用灭菌接种环取一环材料，于玻片中央均匀地涂布成适当大小的薄层。非液体材料(如菌落、脓、粪便等)则应先用灭菌接种环取少量生理盐水或蒸馏水，置于玻片中央，然后再取少量材料，在液滴中混合，均匀涂布成适当大小的薄层。组织脏器材料可先用镊子夹持中部，然后以灭菌剪刀取一小块，夹出后将其新鲜切面在玻片上压印(触片)或涂抹成一薄层。

2.细菌/样本涂/触片固定

待抹片自然干燥后，采取火焰或化学法进行固定。

火焰固定：使干燥好的抹片涂抹面向上，以其背面在酒精灯外焰上如钟摆样来回拖过3~5次，略作加热，以不烫手为度，进行固定。

化学固定：血液、组织脏器等触片要做姬姆萨染色，不用火焰固定，而用甲醇固定。可将已干燥的触片浸入甲醇中2~3 min，取出晾干；或者在触片上滴加数滴甲醇使其作用2~3 min，自然挥发干燥。触片如做瑞氏染色，则不必先做特别固定，因为瑞氏染液中含有甲醇，可以达到固定的目的。

3.细菌/样本抹片染色

(1)美蓝染色法 。

在干燥固定好的涂/触片上，滴加适量(足够覆盖涂抹点即可)美蓝染液，经1~2 min，水洗，干燥(可用吸水纸吸干或自然干燥)，镜检(菌体染成蓝色)。

(2)革兰染色法。

①在干燥固定好的涂片上，滴加草酸铵结晶紫溶液，经1~2 min，水洗。

②加革兰氏碘溶液于抹片上媒染，作用1~3 min，水洗。

③加95%酒精于抹片上脱色0.5~1 min，水洗。

④加稀释的石炭酸复红(或沙黄水溶液)复染10~30 s,水洗。

⑤吸干或自然干燥,镜检。革兰阳性菌呈蓝紫色,革兰阴性菌呈红色。

(3)瑞氏染色法。

方法一:在涂/触片上用玻璃铅笔画出一方框,在方框内抹片上滴加瑞氏染液,经1~3 min,再加约与染液等量的中性蒸馏水或缓冲液,轻轻晃动玻片,使之与染液混合,经5 min左右,直接用水冲洗(不可先将染液倾去),吸干或烘干,镜检。细菌染成蓝色,组织细胞的细胞胞浆将呈红色,细胞核呈蓝色。

方法二:在涂/触片上用玻璃铅笔画出一方框,在其上盖一块清洁滤纸片,轻轻滴加染液,至略浸过滤纸,并视情况补滴,使其保持湿润不变干;染色3~5 min,直接以水冲洗,吸干或烘干,镜检。

(4)姬姆萨染色法。

涂/触片以甲醇固定干燥后,在其上滴加足量染液或将抹片浸入盛有染液的染缸中,染色30 min,或者染色数小时至24 h,取出水洗,吸干或烘干,镜检。

【参考文献】

1.郑明球.家畜传染病学实验指导(第3版)[M].北京:中国农业出版社,1999.

2.陈溥言.兽医传染病学实验指导[M].北京:中国农业出版社,2016.

3.沙莎,宋振辉.动物微生物实验教程[M].重庆:西南师范大学出版社,2011.

实训3 动物病毒性传染病的实验室诊断

畜禽病毒性传染病是危害最严重的一类疫病，给畜牧业带来的经济损失巨大。除少数如绵羊痘等可根据临床症状、流行病学、病理变化做出诊断外，大多数病毒性传染病的确诊，必须在临床诊断的基础上进行实验室诊断，以确定病毒的存在或检出特定种类病毒感染的特异性抗体。病毒病的实验室诊断和细菌病的实验室诊断一样，都需要在正确采集病料的基础上进行，常用的诊断方法有：包涵体检查、病毒的分离培养、病毒的血清学试验、动物接种试验、分子生物学检测等。

【案例】

某猪场（存栏母猪160头）初生仔猪发生疫情。初产乳猪健壮，膘情良好，以15日龄以内的仔猪病情极严重，发病死亡率甚至达100%，其死亡高峰期是发病第3～5 d。发病仔猪表现出明显的神经症状、昏睡、鸣叫、呕吐、拉稀。日龄稍大的仔猪体温超过41 ℃，精神极度委顿，发抖，运动不协调，痉挛，呕吐，腹泻，极少康复。断奶仔猪，发病率在20%～40%，死亡率在10%～20%，主要表现为神经症状、拉稀、呕吐等。怀孕母猪有流产、产木乃伊胎儿或死胎现象。剖检2头死猪和3头濒死乳猪，发现肾脏肿大，有白色粟粒坏死灶；膀胱黏膜有大量出血斑点，肝脏硬化，小叶明显，有白色坏死灶；脑膜表面充血、出血；鼻腔有不同程度的卡他性或出血性炎症；扁桃体充血水肿呈红紫色，喉头黏膜充血、水肿；胃底腺区大面积出血，小肠黏膜充血、水肿，肠系膜间有胶冻样渗出，盲肠有斑块状出血；淋巴结尤其是肠系膜淋巴结和下颌淋巴结充血肿大。

【问题】

根据临床症状和剖检病变，怀疑该猪群感染猪伪狂犬病毒。请你设计方案对该传染病进行实验室诊断。

【案例】

某鸡场(存栏3000只)林下放养的340日龄左右的本地土鸡发病,初期表现为急性呼吸困难、甩头、呼噜。病鸡产蛋率下降10%左右,鸡蛋颜色发白、畸形蛋增多,养殖户自行在饮水中添加泰乐菌素和复合维生素,治疗3 d后症状未减轻,反而出现零星死亡,每天死亡1~2只,产蛋率下降。现场观察发现,发病鸡精神沉郁,闭目不食,排深绿色稀便,呼吸道症状明显,白天可以听见呼噜和咳嗽声音,偶尔出现吃食噎和类似青蛙叫的声音。询问得知,该鸡群60日龄之前饮水免疫过2次新城疫活疫苗,60日龄免疫1次鸡新城疫、禽流感病毒二联灭活苗,产蛋后饮水免疫一次3倍量新城疫Ⅳ系苗,之后再未免疫过其他疫苗。剖检病死鸡可见,鸡冠发紫、口中有黏液、喉头出血和少量黏液、气管内有环状出血和黏液;肌胃角质层下轻微出血,十二指肠有不规则出血点,盲肠扁桃体出血,直肠出血,卵泡充血,个别卵泡破损呈现橘子瓣状。其他脏器无明显病变。

【问题】

根据临床症状和剖检病变,怀疑该鸡群发生非典型新城疫。现请你设计方案对该传染病进行实验室诊断。

【实训任务】

1. 掌握动物病毒性传染病实验室诊断的思路和方法。

2. 掌握制定动物病毒性传染病防控措施的注意事项。

3. 针对该实训案例采集病料,通过病原核酸检测、血清抗体检测等方法进行实验室诊断。

【实训方案】

1. 实训材料

(1)动物病料。

按本书实验2的方法采集病料,病料采集是否适当直接影响病毒的检测结果。一般可采集的病毒性传染病病料包括发病或死亡动物的淋巴结、脾脏、肝脏、肺脏和脑等组织器官样本,鼻液、脓汁等分泌物或渗出液,发病动物的全血及血清样本,腹泻动物粪便等。如病例1,可采集病(死)猪的鼻腔黏液、肺、脑、脾脏、肾脏、淋巴结等组织和待检血清;病例2,可采集鸡的肺、脑、呼吸道分泌物和血清。采集病料后,低温运送和保存。

(2)主要试剂。

①细胞培养或鸡胚接种试剂:DMEM细胞培养基、R/MINI1640培养基、灭活胎牛血清、pH7.4磷酸盐缓冲液(PBS)、青霉素、链霉素、2.5%碘酒、70%酒精等。

②病毒核酸提取试剂:蛋白酶K,苯酚,三氯甲烷,异戊醇,异丙醇,TEN缓冲液(含Tris-HCl、EDTA和NaCl),75%无水乙醇,RNA提取试剂Trizol,无RNA酶水(DEPC水)等。亦可使用商品化的病毒DNA/RNA提取试剂盒。

分子生物学检测试剂:反转录试剂盒,脱氧核苷三磷酸(dNTPs,含dATP、dCTP、dGTP和dTTP)(2.5 mmol/L),Taq DNA聚合酶(5U/μL),DL2000 DNA Marker,也可使用商品化的畜禽病毒性传染病PCR(针对DNA病毒)/RT-PCR(针对RNA病毒)检测试剂盒或荧光定量PCR检测试剂盒,溴化乙锭(EB)或新型核酸染料等。

④检测引物:一般使用检测特定病毒的特异性扩增引物,部分动物病毒PCR检测引物见附表1。

⑤血清学诊断相关试剂:商品化的常见动物病毒抗体ELISA检测试剂盒,常见动物病毒病HA/HI实验诊断标准抗原、阳性血清及阴性血清,常见动物传染病诊断的凝胶免疫扩散病毒抗原等。

(3)细胞或鸡胚。

用于培养病毒的细胞,包括猪肾细胞PK15、非洲绿猴肾细胞Vero细胞、猴肾细胞Marc-145、仓鼠肾细胞BHK21、猪甲状腺细胞系PD5等传代细胞及猪原代肺泡巨噬细胞(PAM)等原代细胞。鸡胚(9~11日龄)常用于禽源病毒的分离培养等。

(4)实验动物。

常用于分离病毒的实验动物有小鼠、乳鼠、家兔、豚鼠、猴等。一般原则是特异敏感、快速和简便。

(5)仪器及其他材料。

PCR仪/荧光定量PCR仪,电泳仪,电泳槽,凝胶成像系统,酶联免疫检测仪,洗板机,离心机,水浴锅,冰箱,冰柜,制冰机,生化培养箱,超声波清洗仪,微波炉,超净工作台,照蛋器,电脑,打印机,注射器,单道可调移液器(0~2 μL、1~10 μL、10~100 μL、100~1000 μL),8/12道可调移液器(1~50 μL、50~300 μL)及吸头(1 μL、10 μL、200 μL、1000 μL),0.22 μm微孔滤膜,离心管,烧杯,量筒,镊子,医用胶布,记号笔,铅笔,封蜡(固体石蜡)等。

2.实训步骤

动物病毒性传染病的实验室诊断流程如图2-3-1所示。

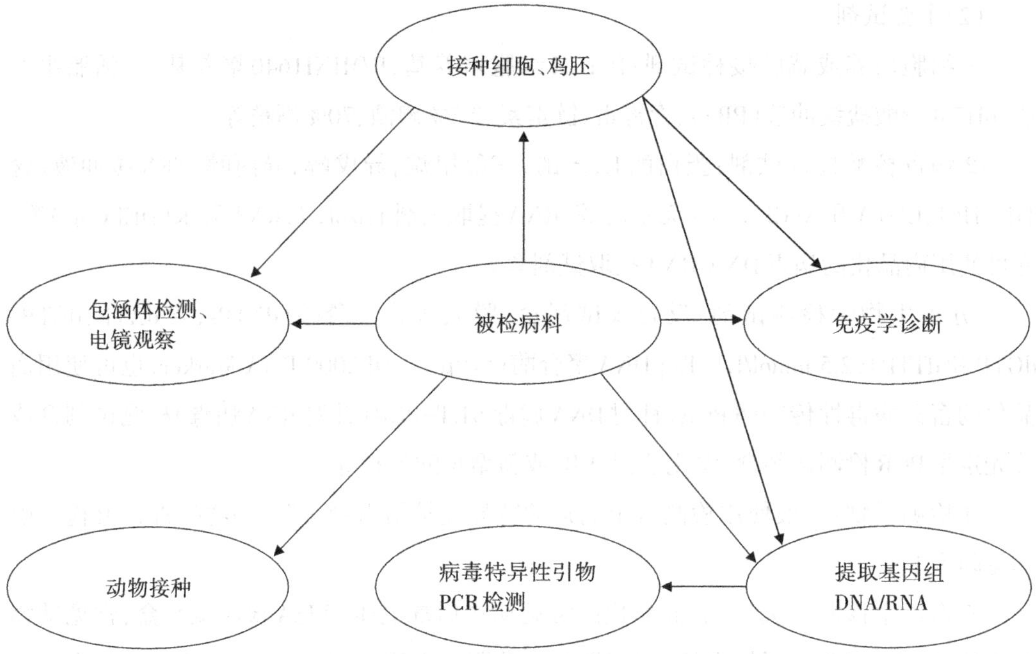

图2-3-1　动物病毒性传染病的实验室诊断流程

注：如提取病料或接种细胞、鸡胚收集病毒的RNA，在进行PCR检测前需要将RNA反转录成cDNA。

(1)病毒的分离培养。

病毒的分离培养方法主要包括细胞培养和鸡胚接种。

① 接种细胞分离病毒：细胞培养是用于大多数病毒分离和培养最常用的方法。一般来说，本体动物的原代细胞对病毒分离培养最为敏感，但哺乳传代细胞方便易得。一般选择生长旺盛的敏感细胞用于病毒分离。而犬和猪的少数病毒，如细小病毒，由于其复制有赖于分裂旺盛的细胞，需要将病毒接种与细胞培养同步进行。培养方法包括静置培养和旋转培养，有些病毒如轮状病毒，初次分离时，优选旋转培养。

通常将待检样品剪碎，加入5~10倍体积(1 g组织加入5 ~ 10 mL)的灭菌生理盐水或DMEM中制成悬液，匀浆化反复冻融3次，10000×g离心10 min。取上清液，经0.22 μm微孔滤膜过滤，加入青霉素溶液(终浓度为300 IU/mL)和链霉素溶液(终浓度为100 μg/mL)过夜或4 ℃条件下处理4 h，-80 ℃保存作为接种材料。

将待接种细胞在含有100 IU/mL青霉素和100 μg/mL链霉素的细胞培养液中培养，将接种材料接种于细胞，接种量以能使接种液覆盖细胞单层为宜，37 ℃细胞培养箱吸附0.5 ~ 1 h，去除接种液，然后加入新的维持液进行培养，每天观察细胞病变情况。接种后36 ~ 72 h，若细胞出现变圆、拉网、脱落等现象，可初步判定有病毒感染，则收集病毒进一步进行鉴定。如第一次接种没有出现细胞病变，可将细胞培养物冻融后，盲传3代，如仍然不出现细胞病变，用分子生物学方法检测为阴性者，可判为阴性结果，并终止传代。

② 接种鸡胚分离病毒：鸡胚接种培养是病毒学的重要方法之一，来自禽的病毒，几乎都可在鸡胚中繁殖。此外，哺乳动物的病毒如蓝舌病病毒、流感病毒等也可在鸡胚中增殖。目前，鸡胚尤其是SPF鸡胚被广泛利用于分离病毒，制造疫苗和抗原等，其来源丰富，操作简便。除病毒外，衣原体、立克次氏体也可用鸡胚培养，衣原体可在鸡胚卵黄囊繁殖，致死鸡胚；部分立克次氏体也可在卵黄囊中繁殖。

依据不同的病毒种类，选择适当的接种方法，最常用的接种途径是尿囊腔接种，如新城疫病毒等。特殊情况可接种卵黄囊、绒毛尿囊膜和羊膜腔等，如鸡痘病毒接种绒毛尿囊膜。照蛋器照蛋后，以铅笔划出气室、胚胎的位置，若要作卵黄囊接种或血管注射，还要划出相应的部位。将待接种材料通过注射器（一般用结核菌素注射器）接种，接种量一般为0.1～0.2 mL，注射完后均应用熔化的石蜡将接种孔封闭，置于孵化箱中继续培养，观察。

接种后24 h内死亡的鸡胚，系由于接种时鸡胚受损或其他原因而死亡，应该弃去，24 h后，每天照蛋2次。1周内观察鸡胚的死亡和病变情况，如发现鸡胚死亡立即放入冰箱，于一定时间内不能致死的鸡胚亦放入冰箱中冻死。死亡的鸡胚置于冰箱中1～2 h即可取出收取材料进行后续的病毒检测。必要时，可盲传3代，检测病毒对鸡胚的致死情况。

（2）病毒的显微镜观察。

①普通显微镜观察：病毒微小，通常以纳米来度量，一般普通光学显微镜不容易看到，但某些病毒如狂犬病病毒、犬瘟热病毒、鸡传染性喉气管炎病毒、鸭瘟病毒，可形成病毒包涵体，可通过包涵体染色和显微镜检查进行诊断。

②电子显微镜观察：电子显微镜是观察病毒颗粒最直观的方法。如果样本中有多种病毒，则可同时进行检测，但是电子显微镜鉴定的样本中必须有一定量的病毒颗粒，如小于1×10^7个/mL，则不易检出。一般情况下，需要将病毒培养浓缩后，再以电子显微镜观察。然而，某些病毒病料中含毒量较高，如轮状病毒导致腹泻的粪便等可直接以电镜观察诊断。对于待检样本，可用磷钨酸盐等重金属盐直接负染后观察，通常适用于观察病毒的表面结构，如口疮病毒。而器官组织样本则需要做超薄切片后再做负染观察，可观察细胞内的病毒结构，如冠状病毒等。

③荧光显微镜检测：通过荧光抗体染色动物组织样本或接种疑似病毒感染的细胞样本，以荧光显微镜检测组织或细胞中的病毒，如动物狂犬病的直接免疫荧光诊断方法（GB/T 34740—2017）、猪瘟诊断技术（GB/T 16551—2020）等。

(3)动物接种试验。

病毒病的诊断也可应用动物接种试验来进行，如猪瘟兔体交互试验诊断猪瘟，将疑似伪狂犬病病毒感染样本接种家兔，根据家兔症状诊断伪狂犬病等。取病料或分离到的病毒处理后接种实验动物，通过观察记录动物的发病时间、临床症状及病变甚至死亡的情况，也可借助一些实验室的方法来判断病毒的存在。此方法尤其在病毒毒力测定上应用广泛。

(4)动物病毒病分子生物学诊断。

PCR/RT-PCR技术(包括套氏PCR、实时荧光定量PCR、原位PCR等技术)是目前广泛用于动物病毒病诊断最常用的方法之一。通过特异性引物扩增检测待检病毒的核酸对动物传染病进行诊断，既可用于DNA病毒病的诊断，亦可用于RNA病毒病的诊断，其中RNA病毒病诊断时，需要在扩增之前将提取的病毒RNA反转录成cDNA，再进行PCR扩增，即RT-PCR。

通常动物病毒性传染病PCR诊断包括三个过程：病毒基因组DNA/RNA提取；特异性引物进行DNA的PCR扩增；PCR扩增产物的电泳检测及结果判定。

(5)动物病毒病血清学诊断。

基于抗原与抗体反应特异性的血清学技术，通过检测病毒/病毒蛋白抗原或抗体，可以进行动物病毒感染的诊断。包括病毒中和试验、血凝及血凝抑制试验(HA和HI)、补体结合试验、沉淀试验(琼脂扩散试验)、酶联免疫吸附试验(ELISA)、免疫荧光染色技术和免疫酶染色技术等。具体内容详见本书中相关病毒性传染病的实验室诊断部分。

3.注意事项

(1)动物发生传染病时，通常有混合感染或继发感染的现象，因此在诊断时需要考虑病毒+病毒、病毒+细菌等多种病原感染情况，可通过实训2中培养基接种或细菌16S rRNA通用引物扩增的方法排除细菌感染。

(2)由于病毒极其微小，因此临床上很少采用电镜观察以诊断动物病毒性传染病，该方法主要是用于一些新病毒的诊断及后续研究工作。

(3)病毒的分离培养是诊断病毒性疾病的金标准，特异性强，能发现新病毒，反映传染性，可在试验动物中验证。但存在以下不足：耗时长，一般只能做回顾性诊断；成本和技术要求高，敏感性不高；有些病毒无法或极难培养；不同的病毒需要不同的分离方法等。

(4)在以分子生物学实验进行诊断时需注意以下方面。

①直接采取病料提取样本DNA/RNA，以疑似病毒的特异性引物进行PCR扩增可提高效率，但假阴性率较高。从DNA/RNA的提取到PCR扩增整个过程均设置阳性和阴性

对照是保障诊断结果可靠的重要措施。

②RNA提取时需特别注意两个方面：一是全程无RNA酶操作，因此核酸整个操作过程要戴口罩及一次性手套；二是低温操作防止RNA的降解，提取RNA试剂通常需-20 ℃预冷，在冰上操作。此外，提取RNA后，立即转录为cDNA可有效防止RNA降解。

③一些传染病已经广泛使用实时荧光定量PCR进行诊断，可以提高诊断的敏感性。

④PCR操作过程中加样器应该专用，不能交叉使用，同时加样及检测过程中应注意避免污染。

⑤苯酚、三氯甲烷、溴化乙锭等化学试剂具有一定毒性或致癌性，实验过程要注意自我防护，做好安全隔离措施。

（5）ELISA实验试剂一般保存于4~8 ℃条件下，使用之前需要恢复到室温方可进行。血清学抗体检测时，需避免血清样本的反复冻融。采用ELISA抗体检测诊断时，要注意区分是野毒感染还是接种疫苗产生的抗体。

（6）并非要完成上述实训中的全部内容，才能确诊动物病毒性传染病的病原，通常只需要根据其中部分内容即可完成诊断。目前，生产上应用较广泛的方法主要是分子生物学诊断和血清学诊断技术。同时，很多诊断病毒性传染病的方法并不是100%可靠，在临床上需要根据不同的目的选择诊断方法或几种诊断方法联合使用。

【结果分析】

1.采用分子生物学诊断病毒性传染病时，在阴性、阳性对照成立的情况下，待检样本阳性，只能说明所检测样本中相应病毒核酸检测阳性，还需结合临床症状等其他方面综合下结论。

2.采用ELISA、HA和HI等血清学方法进行诊断时，需设立阴性和阳性对照，在阴性和阳性对照成立的前提下，再判定待检样本的检测结果。

3.如需要了解所检测动物病毒的遗传变异情况，在PCR检测后对其致病性关键基因进行扩增测序分析，有利于了解其致病特点及制定防控措施。

【拓展提高】

[1] 成虹松，李梅，方天，等.猪瘟病毒、猪繁殖与呼吸综合征病毒、支原体混合感染病例的实验室诊断[J].贵州畜牧兽医，2021，45(3)：41-43.

[2] 吴双，姜勇，徐建生，等.鸭坦布苏病毒、鸭肠炎病毒和番鸭细小病毒TaqMan三重实时荧光定量PCR检测方法的建立与临床应用[J].江苏农业学报，2020，36(3)：626-633.

[3] Fu Y G, Ji Y H, Liu B, et al. Development of a solid-phase competition ELISA to detect antibodies against newly emerged Duck Tembusu virus[J]. J. Virol. Methods, 2015, 224: 73-76.

[4] Ninvilai P, Tunterak W, Prakairungnamthip D, et al. Development and Validation of a Universal One-Step RT-PCR Assay for Broad Detection of Duck Tembusu Virus[J]. Avian Disease, 2020, 64(3): 294-299.

【评价考核】

1.按照附表3完成动物传染病学实训评价考核。每组的实训诊断报告和个人总结应在实训结束后3天内完成，按时完成且得分＞60分者为达标。

2.实训成绩以30%~50%计入课程成绩。

【思考题】

1.就本实训中的案例，写出实验室确诊该猪场和鸡场所发生的病毒性传染病的思路。

2.选择采用分子生物学或/和免疫学方法诊断动物病毒性传染病一般需要考虑哪些问题？如何有效将这两种方法结合起来？

【参考方法】

1.病毒接种鸡胚的方法

(1)绒毛尿囊腔内接种。

取9～10日龄鸡胚，用锥子在酒精灯火焰上烧灼消毒后，在气室顶端和气室下沿无血管处各钻一小孔，针头从气室下沿小孔处插入，深1.5 cm，即已穿过了外壳膜且距胚胎有半指距离，注射量为0.1～0.2 mL。注射后以石蜡封闭小孔，置于孵育箱中直立孵育。

(2)绒毛尿囊膜接种。

取10～11日龄鸡胚，先在照蛋灯下检查鸡胚发育状况，划出气室位置，并选择绒尿膜发育区做一记号。将胚蛋横卧于蛋座上，绒尿膜发育区记号朝上。用碘酒消毒记号处及气室中心部，在气室中心部锥小孔。然后用锥子轻锥记号处蛋壳，约0.5 mm深，使其卵壳穿孔而壳膜不破。用洗耳球吸去气室部空气的同时，随即因上面小孔进入空气而绒尿膜陷下形成一个人工气室，天然气室消失。接种时针头与卵壳成直角，自上面小孔直刺破卵膜进入人工气室3～5 mm，注入0.1～0.2 mL病料，正好在绒尿膜上。接种完毕用熔化石蜡封闭两孔，人工气室向上，横卧于孵化箱中，逐日观察。

(3)卵黄囊内注射。

取6～8日龄鸡胚，可从气室顶侧接种(针头插入3～3.5 cm)。因胚胎及卵黄囊位置已定，也可从侧面钻孔，将针头插入卵黄囊接种。侧面接种不易伤及鸡胚，但针头拔出后部分接种液有时会外溢，需用酒精棉球擦去。其余同尿囊腔内注射。

(4)羊膜腔内接种。

将10日龄鸡胚放在灯光向上照射的蛋座上，将蛋转动使胚胎面向术者。在气室顶部到边缘的一半处打一孔，用40 mm长的针头垂直插入约30 mm以上。如已刺入羊膜腔，能使针头拨动胚即可注入病料液0.1～0.2 mL，如针头左右移动时胚胎随着移动，则针头已刺入胚胎，这时应将针头稍稍提起后再注射。拔出针头后石蜡封闭小孔，置于孵化箱中培养。

2.通过包涵体检查诊断狂犬病

对可疑为狂犬病而扑杀或死亡的动物(含实验感染的小鼠)，在死亡后3 h内采集大脑海马回、小脑皮质和延髓，在火焰去脂的载玻片上以组织切面触压一下制成压印片。每张载玻片可接触2~3个部位，每份材料做3~4张。在经过甲醇固定并风干的压印片上，滴加塞勒氏染液(以盖满压印面而不溢出为度)染色5~10 s，然后以蒸馏水冲洗后干燥镜检。亦可用曼氏染色法进行染色镜检。狂犬病病毒包涵体(内基氏小体)呈嗜酸性，位于神经细胞胞浆中，呈圆形、椭圆形或棱形，直径3~20 μm，一个细胞内通常含有一个内基氏小体，但也可含有几个。用赛勒氏染色时，内基氏小体呈桃红色，神经细胞为蓝紫色，组织细胞为深蓝色。用曼氏染色时，内基氏小体为鲜红色，神经细胞的胞核为蓝色、胞浆为淡蓝色，红细胞为粉红色。有时，在鲜红色的内基氏小体中还可以见到嗜碱性的蓝色小颗粒。因此，一旦检出内基氏小体，即可确诊(GB/T 18639-2002)。

3.通过动物接种试验诊断猪伪狂犬病

以案例1疑似伪狂犬病毒感染样本接种实验动物为例：无菌采集病猪扁桃体或患病动物脑组织(含有三叉神经节)，用生理盐水或PBS液制成20%~30%匀浆液，反复冻融3次后10000×g离心10 min，取1~2 mL上清液颈部皮下接种家兔(2只)；如接种物为疑似伪狂犬病病毒的细胞培养物，则取1~2 mL，同样皮下接种家兔(2只)。同时，设立接种等量生理盐水、PBS或培养基的对照家兔。

结果观察及判定。①伪狂犬病病毒阳性，接种后24~48 h，家兔注射部位出现奇痒，表现为家兔舔(啃)咬注射局部，导致皮肤溃烂；呼吸困难尖叫、四肢麻痹、痉挛等症状，病程2~5 d,最终死亡。对照家兔无任何临床症状,健活。可初步判定病料或细胞培养物中含有伪狂犬病病毒。②伪狂犬病病毒阴性,在接种后1周,病料悬液或细胞培养物接种家兔不出现任何症状,健活;同时,对照家兔无任何临床症状,健活。可判定病料(或细胞培养物)中不含伪狂犬病病毒(GB/T 18641-2018)。

4. DNA病毒样本基因组提取

以案例1疑似伪狂犬病病毒感染样本核酸提取为例:将组织病料研磨,加入5倍体积TEN缓冲液制成悬液并收集于离心管内,10000×g离心10 min后取上清液;鼻拭子样品,需加入1 mL TEN缓冲液旋涡10 min后挤压棉签,悬液10000×g离心5 min,取上清液;精液样本,先用PBS做10倍稀释,再用于后续核酸提取。取上清液472.5 μL,加入25 μL 10%十二烷基硫酸钠和2.5 μL 20 mg/mL蛋白酶K,50 ℃水浴摇床上放置2 h后加入等量饱和酚溶液500 μL,旋涡20 s。离心取上清液,加等量的酚:三氯甲烷:异戊醇(25:24:1)抽提一次,再用等量的三氯甲烷:异戊醇(24:1)抽提一次,最后用2倍无水乙醇沉淀,真空抽干后加入20 μL双蒸水溶解,-20 ℃条件下贮存备用(GB/T 18641-2018)。也可按照病毒基因组DNA提取试剂盒说明书进行基因组提取。

5. RNA病毒样本基因组提取

以案例2新城疫病毒感染样本RNA提取为例:在无RNA酶的1.5 mL离心管中加入200 μL待测样本,加入1 mL Trizol,振荡20 s,室温下静置10 min;加入200 μL三氯甲烷,颠倒混匀,室温下放置10 min,以12000 r/min离心15 min;管内液体分为三层,取最上层500 μL于离心管中,加入500 μL预冷异丙醇,颠倒混匀,静置10 min。以12000 r/min离心15 min沉淀RNA,弃去所有液体;加入700 μL预冷的75%乙醇洗涤,颠倒混匀2~3次,以12000 r/min离心10 min;沉淀于室温下干燥10 min;加入40 μL DEPC水,在60 ℃水浴下充分溶解RNA,-80 ℃保存备用或立即使用(GB/T 16550-2020)。也可按照病毒基因组RNA提取试剂盒说明书进行RNA提取。

6. 病毒RNA反转录-PCR(RT-PCR)扩增及电泳

以案例2疑似鸡新城疫病毒感染样本基因组为模板检测F基因为例。

(1)配制RT-PCR反应体系。

总体积25 μL,其中无RNA酶灭菌超纯水(如DEPC水)13.6 μL,10×缓冲液2.5 μL,dNTPs 2 μL,RNA酶抑制剂(40 U/μL)0.5 μL,AMV反转录酶(5 U/μL)0.7 μL,Taq酶(5 U/μL)0.7 μL,上游引物P1(20 μmol/ L)1 μL,下游引物P2(20 μmol/ L)1 μL,模板RNA 3 μL。

(2) 进行反转录及PCR扩增。

反转录阶段:42 ℃ 30 min;预变性阶段:95 ℃ 3 min;循环阶段:94 ℃ 30 s,55 ℃ 30 s,

72 ℃ 45 s，30个循环；终延伸阶段：72 ℃ 7 min。最后的RT-PCR产物置于4 ℃条件下保存。

（3）电泳检测。

制备1.5 %琼脂糖凝胶，取5 μL PCR产物与0.5 μL 10×加样缓冲液混匀，加入琼脂糖凝胶加样孔中，同时在另一孔加入DNA分子Marker。将凝胶放入盛有电泳液的电泳仪中，按照5 V/cm电压进行电泳，时间为30～40 min。电泳完毕后，在凝胶成像系统下观察结果并照相，判断PCR片段大小。当阳性对照和被检样品的扩增产物大小为535 bp，而阴性对照无扩增条带时，可判定为鸡新城疫病毒核酸阳性（GB/T 16550-2020）。

【参考文献】

1. 郑明球 . 家畜传染病学实验指导（第3版）[M]. 北京：中国农业出版社，1999.

2. 陈溥言 . 兽医传染病学实验指导[M]. 北京：中国农业出版社，2016.

3. 沙莎，宋振辉 . 动物微生物实验教程[M]. 重庆：西南师范大学出版社，2011.

4. 陆承平，刘永杰 . 兽医微生物学（第6版）[M].北京：中国农业出版社，2021.

5. Jiang YH，Shang HW，Xu H.，et al. Simultaneous detection of porcine circovirus type 2，classical swine fever virus，porcine parvovirus and porcine reproductive and respiratory syndrome virus in pigs by multiplex polymerase chain reaction. The Veterinary Journal，2010，183：172-175.

附录

附表1 部分动物病毒PCR检测引物

病毒及基因	引物序列(5'—3')	目的片段	参考文献
新城疫病毒F基因	P1:ATGGGCYCCAGAYCTTCTAC* P2:CTGCCACTGCTAGTTGTGATAATCC	535 bp	GB/T 16550-2020
非洲猪瘟病毒B646L基因	P1:AGTTATGGGAAACCCGACCC P2:CCCTGAATCGGAGCATCCT	257 bp	GB/T 18648-2020
伪狂犬病毒gD基因	P1:CAGGAGGACGAGCTGGGGCT P2:GTCCACGCCCCGCTTGAAGCT	217 bp	GB/T 18641-2018
伪狂犬病毒gE基因	P1:TTTGGATCCATGCGGCCCTTTCTG P2:TTTGAATTCTTACGACACGGCGTCGCA	368 bp	GB/T 18641-2018
猪细小病毒NS1基因	P1:AGTTAGAATAGGATGCGAGGAA P2:AGAGTCTGTTGGTGTATTTATTGG	265 bp	Jiang Y H,et al（2010）
圆环病毒2型ORF1	P1:CGAGAAAGCGAAAGGAACAGA P2:GGTAACCATCCCACCACTT	371 bp	Jiang Y H,et al（2010）
牛结节性皮肤病病毒	P1:CCTCCTTTTAAGCTACTTTTTCTTA P2:GATACATGTAGGAACATTGTTACCTA	376 bp	GB/T 39602-2020
小反刍兽疫病毒N基因	P1:TCTCGGAAATCGCCTCACAGACTG P2:CCTCCTCCTGGTCCTCCAGAATCT	351 bp	GB/T 27982-2011
鸭坦布苏病毒PrM蛋白	P1:AGACTGCTGGTGCAATGARAC& P2:CGTCGTTCCCARRTTCCA	250 bp	NY/T 3233-2018
鸭病毒性肝炎I型	P1:ACAATGACCCAGCCTTAG P2:CCACTGTATCTTCCCTTC	440 bp	SN/T 3464-2012
猪繁殖与呼吸综合征病毒N基因	P1:GCGGATCCATGCCAAATAACAAC P2 AGCTCGAGTCATGCTGAGGGTGA:	372 bp	GB/T 18090-2008

续表

病毒及基因	引物序列(5'—3')	目的片段	参考文献
猪瘟病毒	外P1:AGRCCAGACTGGTGGCCNTAYGA#	671 bp	GB/T 36875-2018
	外P2:TTYACCACTTCTGTTCTCA#		
	内P1:TCR WCA ACCAAY GAG ATA GGG#	272 bp	
	内P2:CACAGYCCRAAYCCR AAGTCA TC#		
猪传染性胃肠炎病毒M基因	P1:TTCGGTTCTATTCCCGTTGATG	663 bp	GB/T 36871-2018
	P2:CCCATGAAGCACTTTCTCACTATC		
猪流行性腹泻病毒N基因	P1:TTACAAACTCGCTATCGCATGG	528 bp	
	P2:TCTTGTCACATCACCTTTACCTGC		
猪轮状病毒VP7基因	P1:CCCCGGTATTGAATATACCACAGT	333 bp	
	P2:TTTCTGTTGGCCACCCTTTAGT		

注:P1为上游引物,P2为下游引物;*Y为兼并碱基(Y:C/T);&R为兼并碱基(R:A/G);#R(A/G),Y(C/T),N(A/T/C/G),W(A/T)。

附表2　部分现行动物传染病诊断及抗体检测现行标准名录

标准名称	标准号	实施日期
猪瘟诊断技术	GB/T 16551-2020	2020-12-14
猪瘟病毒阻断ELISA抗体检测方法	GB/T 34729-2017	2018-05-01
猪瘟抗体间接ELISA检测方法	GB/T 35906-2018	2018-09-01
高致病性禽流感诊断技术	GB/T 18936-2020	2020-12-14
新城疫诊断技术	GBT 16550-2020	2020-12-14
动物布鲁氏菌病诊断技术	GB/T 18646-2018	2018-09-01
伪狂犬病诊断方法	GB/T 18641- 2018	2019-04-01
动物结核病诊断技术	GB/T 18645-2020	2020-12-14
口蹄疫诊断技术	GB/T 18935-2018	2019-04-01
非洲猪瘟诊断技术	GB/T 18648-2020	2020-12-14
小反刍兽疫诊断技术	GB/T 27982-2011	2012-06-01
猪繁殖与呼吸综合征病毒荧光RT-PCR检测方法	GB/T 35912-2018	2018-09-01
猪繁殖与呼吸综合征诊断方法	GB/T 18090-2008	2009-05-01
猪圆环病毒2型阻断ELISA抗体检测方法	GB/T 35910-2018	2018-09-01
副猪嗜血杆菌检测方法	GB/T 34750-2017	2018-05-01
牛病毒性腹泻黏膜病诊断技术规范	GB/T 18637-2018	2019-04-01
鸭病毒性肝炎I型检疫技术规范	SN/T 3464-2012	2013-07-01
动物狂犬病直接免疫荧光诊断方法	GB/T 34740-2017	2018-05-01
小鹅瘟病毒分离和琼脂免疫扩散试验方法	SN/T 1467-2004	2005-04-01
牛结节性皮肤病诊断技术	GB/T 39602-2020	2020-12-14
鸡传染性支气管炎诊断技术	GB/T 23197-2008	2009-05-01
牛传染性胸膜肺炎诊断技术	GB/T 18649-2014	2015-03-01
山羊接触传染性胸膜肺炎诊断技术	GB/T 34720-2017	2018-05-01
鸡伤寒和鸡白痢诊断技术	NY/T 536-2017	2017-10-01
禽沙门氏菌病诊断技术	NY/T 2838-2015	2015-12-01
猪巴氏杆菌病诊断技术	NY/T 564-2016	2017-04-01

续表

标准名称	标准号	实施日期
禽霍乱(禽巴氏杆菌病)诊断技术	NY/T 563-2016	2017-04-01
副猪嗜血杆菌检测方法	GB/T 34750-2017	2018-05-01
猪传染性胃肠炎病毒、猪流行性腹泻病毒和猪轮状病毒多重RT-PCR检测方法	GB/T 36871-2018	2019-04-01
禽坦布苏病毒病检疫技术规范	SN/T 5281-2020	2021-07-01
鸡马立克氏病诊断技术	GB/T 18643-2021	2021-11-01*

注:*表示即将实施,查阅自CNKI中国知网。

附表3　动物传染病学实训评价考核表

实训项目____

班级________　实训________组　学号________　姓名________　得分________

项目	考查内容及要求	配分	评分标准	得分
1	按照所给拟定项目完成实训计划方案。 要求以组为单位，根据指导老师提供的疑似动物传染病案例及材料，查阅资料，拟定技术路线及具体实施方案。	10%	不符合规定或与此无关的不得分。	
2	实训计划方案的实施过程。 要求团队协作，认真负责，实施过程操作规范，遵守实验室规章制度，标记和记录翔实。	30%	操作不规范，标记和记录不翔实等酌情扣分。实训过程中不认真，违反实验室规章制度不得分。	
3	实训诊断报告。 要求实训诊断报告完整翔实，内容包括病料取材、检测方法、检测结果、分析和结论。	30%	按时完成，按要求规范书写，诊断结果依据充分，结果分析合理，否则酌情扣分。	
4	实训个人小结。 要求独立完成实训个人小结，内容包括本次实训的积极意义，存在的问题，个人心得体会或建议等。(500字以上)	20%	个人总结条理清晰，分析总结合理，字数达到要求，否则酌情扣分。	
5	实训结果汇报。 要求每组推荐一名代表汇报本小组实训结果(PPT)展示，全体同学参与点评。	10%	汇报思路清晰、PPT简洁、结果展示全面，否则酌情扣分。	